西藏喜马拉雅山脉中段景观地学研究

陈 露 等 著

图书在版编目(CIP)数据

西藏喜马拉雅山脉中段景观地学研究/陈露等著. —武汉: 武汉大学出版社,2018.4
ISBN 978-7-307-19806-7

Ⅰ.西… Ⅱ.陈… Ⅲ.喜马拉雅山脉—景观学—研究—西藏
Ⅳ.①P943 ②P901

中国版本图书馆 CIP 数据核字(2017)第 276096 号

责任编辑:李　晶　　责任校对:邓　瑶　　装帧设计:吴　极

出版发行: **武汉大学出版社** (430072 武昌 珞珈山)
(电子邮件: whu_publish@163.com 网址:www.stmpress.cn)
印刷: 虎彩印艺股份有限公司
开本:720×1000 1/16 印张:7.25 字数:142 千字
版次:2018 年 4 月第 1 版 2018 年 4 月第 1 次印刷
ISBN 978-7-307-19806-7 定价:46.00 元

《西藏喜马拉雅山脉中段景观地学研究》撰稿人员

陈露(成都师范学院)

阚瑷珂(成都理工大学/中国科学院地理科学与资源研究所)

次仁罗布(西藏自治区科技信息研究所)

何军(西藏自治区水文水资源勘测局山南分局)

祝宾红(西藏自治区水文水资源勘测局)

尼玛旦增(西藏自治区水文水资源勘测局山南分局)

陈晓琴(成都理工大学)

陈赖嘉措(西南民族大学)

陈颖锋(集美大学)

党卫东(西藏自然科学博物馆)

管磊(成都理工大学)

李小甲(四川省地质测绘院)

马飞(成都理工大学)

其米次仁(西藏自治区科技信息研究所)

前　言

连绵的喜马拉雅山脉，横亘青藏高原之南，是地球陆地系统最显著的山脉景观。人们对它的起源、形貌和生存其间的物种，有过无数猜想和探索，更对发源于此的佛教文化心怀敬畏。在喜马拉雅区域汇聚的知识、文化和智慧，是人类最为独特的共同遗产之一。

人类对环境不断深入解读的过程，表明人类对环境、资源的利用和索取正在不断升级。在人类社会经济发展领域，那些生态系统脆弱、敏感的边远地区，在拓荒式开发可行性报告中大多已被逐一点名，成为炙手可热的争论焦点。环绕喜马拉雅山脉的邻近发展中国家，尽管其文化起源不同，宗教信仰各异，但都不约而同地选择了将生态旅游作为发展经济的途径，展现了人类面对自然馈赠的负责态度，也是亚洲国家响应全球环境保护公约的实际行动。

喜马拉雅山脉中段西起阿里普兰县纳木那尼峰(7694m)，东至亚东县帕里镇绰莫拉日峰(7320m)，全长达 1207km，约占喜马拉雅山脉总长度的 42.8%，是喜马拉雅山脉的最高地段。连绵起伏的山脊线以南隐伏着大量通向广袤印度平原的互不相通又浑然一体的山涧与峡谷，山脊线以北高平的藏南谷地起伏相对平缓。这一地带汇聚了地球上 5 座海拔 8000m 以上的极高山峰，著名的珠穆朗玛峰国家级自然保护区坐落于此。它集中体现了喜马拉雅山脉中段的自然地理面貌和传统人文生态，兼具生境复杂性、生物多样性和文化原生态性。区内气候、植被、土壤的垂直分带性明显，是喜马拉雅地区特有物种的基因库和避难所。当地传统习俗、建筑、歌舞、语言、宗法等保存良好，与自然生境一起构成浑然一体的山地人文-地域系统，吸引着世人络绎不绝地前来瞻仰。

本书基于青藏高原自然地理、地质构造、生态环境等领域的基础研究资料，利用国内外景观地学研究的理论和方法，围绕喜马拉雅山脉中段的珠穆朗玛峰国家级自然保护区这一重点区域，开展系统的景观地学研究，分析地学景观系统结构和类型，进行景观成因分析，建立造山带地学景观动力学机制，讨论地学景观的成景环境、成景过程和景观演化模式。本书进行了景观地学的探索性研究，也为西藏旅游产业发展提供了一些理论依据和科学方法。

景观地学在我国正处在蓬勃发展阶段，需要对具有典型研究价值的地区开展深入的科学研究。国际社会聚焦喜马拉雅走廊带，开展兴都库什—喜马拉雅地区的综合研究，将这一区域的资源、环境、生态与发展的突出问题置于国内外研究者面前。拥有景观资源禀赋和独特价值的珠穆朗玛峰自然保护区是我国景观地学理论和实践研究中难得一见的极佳区域。复杂的构造演化、大尺度的地学景观格局、更迭的生态系统、丰富的生物多样性，为地质学、地貌学、生态学、旅游学、地表过程研究提供了有利条件，对建立景观地学的交叉学科理论体系具有重要的理论研究意义。

本书得以付梓，得到了国家自然基金委资助项目的支持，是国家自然科学基金地区基金项目“喜马拉雅山脉中段南翼吉隆—聂拉木区旅游环境容量研究”(41461029)的阶段性成果。书中涉及的野外调查、实验和分析模型建立等工作得到西藏自治区自然科学基金项目“藏北典型高寒生态湖群地貌过程研究”(Z2012A56G28100)、成都师范学院科研专项“近 2000 年藏北典型湖泊环境演化研究”(YJRC2016-6)、国家自然科学基金地区基金项目“珠峰自然保护区高寒湿地景观格局过程建模与模拟”(41161067)的共同资助。本书也被列入四川高校科研创新团队建设计划资助项目“区域人文资源开发利用研究”(14TD0039)。

阚瑷珂博士后承担了有关制图和部分地学景观研究内容，完成了主要的野外调查和地理数据分析工作；西藏自治区科技信息研究所所长次仁罗布组织了国家自然科学基金项目的实施管理和野外调查，并负责全文的审定；全书由陈露统稿。

感谢西藏自治区水文水资源勘测局祝宾红和西藏自治区水文水资源勘测局山南分局何军、尼玛旦增在科学描述喜马拉雅山区气候、水文、工程地质的问题上给予的帮助。感谢笔者的博士后合作导师、中国科学院地理科学与资源研究所王英杰研究员对笔者的培养。感谢笔者的博士生导师西南民族大学覃建雄教授，喜马拉雅地质演化相关章节的撰写得到了覃老师的悉心指导。感谢西藏自治区科技信息研究所副所长其米次仁、西藏自然科学博物馆馆长党卫东对有关研究工作的指导和帮助。编委会成员陈晓琴、管磊、李小甲、马飞、陈颖锋、陈赖嘉措付出了艰辛的努力，在此一并感谢。

本书亦是近年来笔者在景观地学研究领域的主要成果之一，疏漏之处诚请读者指正。

陈　露

2018 年 1 月

目　录

1 绪　论

1.1 研究背景与意义

1.1.1 研究背景

1.战略区位

晚新生代，印度板块和欧亚板块会聚、陆陆碰撞造山，产生一系列平行造山带的大规模断裂，在广袤平坦的恒河平原北部，隆起了连绵逾 2400 km 的巨大山脉——喜马拉雅山脉，这是亚洲乃至全球的一个重要地质事件。在近 3.4 Ma 里，山脉从平均海拔约 1000m 上升到目前的 4500 m 至 5000 m，世界上 14 座海拔超过 8000 m 的山峰，有 11 座在喜马拉雅山脉之巅，而 7000 m 以上的高峰则有 20 座之多。喜马拉雅山脉中段，西起阿里普兰纳木那尼峰，东至亚东帕里绰莫拉利峰，长 1207 km，占喜马拉雅山脉总长的 42.8%，10 座 8000 m 以上的高峰坐落在此，中喜马拉雅地区成为山脉最高地段。以珠穆朗玛峰（以下简称“珠峰”）为代表的极高山群，高高插入对流层，拦截了来自印度洋的暖湿气流，贮存了地球低纬度地区的最大淡水库，同时是恒河、雅鲁藏布江、印度河等亚洲大江大河的发源地，深刻地改造了中国乃至世界的自然地理面貌。来自喜马拉雅山脉中段极高山的冰川融水，在巨大的山势落差条件下，形成了成千上万的支流，以流水侵蚀为主的外营力在山脉南北坡塑造出深切峡谷和高山宽谷的形态，成为控制喜马拉雅地区中、小尺度地貌形态的主导因素。复杂山地自然条件和生存环境不但养育了众多各具特色的山地少数民族，也孕育出了保存良好的山地原生态文化形态。

近年来，国内外学者聚焦兴都库什-喜马拉雅走廊带，进行了地质、生态、环境、生物多样性以及社区发展、人类生活水平等一系列科学调查和研究。这一兼具生境复杂性和文化原生态性的少数民族山区的可持续发展问题，引起了全世界的关注，在全球变化研究框架中具有极其特殊和重要的战略地位。珠穆朗玛峰国家级自然保护区（以下简称“珠峰自然保护区”或“保护区”）位于中喜马拉雅山区中部，兴都库什-喜马拉雅地区的中心部位，跨高喜马拉雅结晶-变质基底杂岩带和北喜马拉雅特提斯沉积褶冲带两大次级地质构造单元，冰雪覆盖的喜马拉雅山脊是北坡藏南谷地和南翼高山峡谷的地貌分异标志。318国道贯穿保护区南北，止于中尼边境重镇樟木，具有半个多世纪的科学研究历史和世界闻名的边贸文化历史，在喜马拉雅地区具有极高的研究价值和战略意义。

2.喜马拉雅地区独特自然景观带的缩影

板块构造理论认为，强烈的岩石圈形变决定了地表形态的复杂程度，构造运动越强烈的区域，相对应的地表形态越丰富。板块边界分为主动型、被动型，而主动型陆陆碰撞是地球上最强烈的造陆动力。印度板块和欧亚板块碰撞挤压，造成世界上最强烈的山脉隆起，也造就了世界上运动最为频繁的地震地质景观带——地中海-喜马拉雅地震带。它西起葡萄牙、西班牙和北非海岸，东去意大利、希腊、土耳其、伊朗至帕米尔北边，进入我国西北和西南地区，南边沿喜马拉雅山山麓和印度北部，又经苏门答腊、爪哇至伊里安，与环太平洋地震带相接。在这条地震景观带上，分布着六处联合国教科文组织认定的世界自然遗产地(表1-1)。面积大、地貌形态丰富、生物多样性复杂、历经多期构造运动、遗留某类或某几类地质事件痕迹等，是它们共同的典型特征，它们构成了世界上最雄奇壮美的喜马拉雅景观带，具有极为丰富的景观多样性。

珠峰自然保护区是世界上海拔最高的自然保护区，拥有珠穆朗玛峰、洛子峰、卓奥友峰、马卡鲁峰和希夏邦马峰5座8000 m以上的山峰。以这些连续分布的极高山峰为界，北部的保护区中部，宽阔平缓的湖盆是保护区居民最富饶的农耕地和牧场。保护区南部间夹在崇山峻岭的五条峡谷，隐藏着喜马拉雅山地鲜为人知的多样动植物种群和保存完好的古老人文风俗，在青藏高原南斜面景观体系中独成一体，是喜马拉雅独特自然景观带的缩影。

3.珠峰自然保护区实施生态和地学旅游发展战略的需要

生态和地学旅游是以对环境的最小干扰为基本准则，普及游客的生态科学知识，使游客在享受自然美景的同时，增长自然科学和社会科学知识，提高对大自然的鉴赏能力和认识自然环境的知识水平，并致力于改善当地群众生活条件，控制旅游地污染，保护生物多样性，这被认为是目前最合理的旅游发展模式。

国家地质公园与自然保护区是生态与地学旅游的最主要目的地。它们以优美的自然景观，深邃的自然科学知识内涵，给游客以独特的自然美景享受和正确处理人与自然关系的启迪。就珠峰自然保护区而言，它有着十分丰富的民族历史文化资源，雄伟壮观的喜马拉雅山脉地文景观，从亚热带到寒带的植被景观，实施生态和地学旅游战略是保护区旅游业可持续发展的最佳选择。

表 1-1 **喜马拉雅景观带分布的世界遗产**

序号	名称	地理位置	主要特征
1	楠达德维与花之谷国家公园	印度北部北方邦加尔瓦尔区	楠达德维国家公园是冰川冲积盆地，代表了冰川地貌和冰缘地貌，主要岩石类型是生成年代较近的花岗岩和变质岩，植物分带现象明显。花之谷位于西喜马拉雅山区，以高山野花和优美的自然景观闻名于世，栖息有亚洲黑熊、雪豹、棕熊
2	罗亚尔奇万国家公园	尼泊尔德赖地区	罗亚尔奇万国家公园位于喜马拉雅山南麓，拥有丰富的动植物群，生存有亚洲独角犀牛，是孟加拉虎的最后避难所。植被基本是单一的盐质森林，覆盖面积达60%。每平方千米的生物质量可达18950 kg，比亚洲其他任何地方都高
3	萨加玛塔国家公园	尼泊尔萨加玛塔区	萨加玛塔国家公园遍布形态各异的山脉、冰河和深谷，保护了雪豹、小熊猫等多种稀有动物，保存舍帕斯原始部落文化，具有2850～8844 m的完整而层次分明的生态系统
4	卡齐兰加国家公园	印度阿萨姆邦中心地带	卡齐兰加国家公园位于雅鲁藏布江冲积平原，占地430 km^2，每年有3/4以上的土地淹没在雅鲁藏布江的洪水中，是印度北部较大的人迹罕至地区之一，生活着世界上最大种群、最多数量的独角犀牛
5	苏门答腊热带雨林	印度尼西亚苏门答腊地区	苏门答腊热带雨林约有10000种植物种类，包括17个本地种类，超过200种哺乳动物，580种鸟类，其中465种为不迁徙型，21种为当地特有种。哺乳动物中的22种是亚洲特有种，15种是印尼地区特有种，包括苏门答腊猩猩，为物种进化提供了生物地理学证据
6	马戎格库龙国家公园	印度尼西亚爪哇地区	马戎格库龙国家公园位于巽他陆架爪哇岛最西南端，包括马戎格库龙半岛和几个近海岛屿，其中有著名的喀拉喀托活火山，提供了内陆火山研究的极好例证。它保留了爪哇平原最大面积的低地雨林，极为濒危哺乳动物是爪哇犀牛
7	科莫多国家公园	印度尼西亚爪哇地区	科莫多国家公园为火山岛群，岛上生活着大约5700只巨大蜥蜴，被称作“科莫多龙”，别处没有发现它们的生存踪迹，为研究进化论提供了例证

1.1.2 研究意义

1.世界瞩目的多学科综合研究天然实验室

珠峰自然保护区具有自然科学和人文社会科学研究对象的综合禀赋，在地理学、地质学、生物学、环境科学和社会科学等领域的研究价值极高。它位于世界自然地理水平地带性分异的关键地段，又具有高山、高原垂直地带性的典型特征；隐藏着印欧板块会聚碰撞、古亚洲海和特提斯洋开闭以及青藏高原在较短地质时期内隆升的机理；反映了生命起源与进化、世界高山生物和群落演进以及生物对极端环境的选择性适应；代表了中喜马拉雅南翼半湿润山地森林生态系统和北翼半干旱高原灌丛、草原生态系统；作为世界"第三极"，对温室效应的响应敏感，有利于全球气候、环境变化的监测。此外，珠峰自然保护区自唐代初期以来与南亚各国的商贸、文化交往，使其成为研究藏族历史、宗教、文化和南亚诸国外交关系的关键地区(次旦伦珠，1997)。目前世界上的大部分自然保护区，都难以兼具这些优势(李渤生，1993)，珠峰自然保护区是名副其实的多学科综合研究天然实验室。

2.亚洲乃至世界的生态屏障

珠峰自然保护区处在生物地理区中的古北极南部，西藏省和喜马拉雅高地省交界处，范围广阔，具有地域特色的国家重点保护珍稀、濒危动植物种类繁多，植物区系组成特殊，生物多样性特征显著。山脉在晚新生代快速隆升，巨大的山体耸立在恒河平原北部，改变了大气环流形式，加强了亚洲季风发展，成为全球变冷的驱动源之一。青藏高原中北部高平原地区因气候寒旱化，内流水系扩展，一些大湖退缩、分离，湖水蒸发，深刻改变了亚洲水系分布，造成气候的多样性，形成丰富的气候带。这不但影响着这一区域的植物区系、植物资源、植被及其空间分布规律，还深刻影响到南亚和中亚甚至欧亚大陆更北地区的生态系统面貌，可谓亚洲乃至世界的生态屏障。

3.全世界共同拥有的珍贵遗产

近一个世纪的地学、生物学及环境学研究表明，喜马拉雅山区具有极为复杂的自然环境和极高价值的景观资源。海拔 8000 m 以上的巨型山体系自始新世以来喜马拉雅造山运动的产物；第四纪冰川融冻、风化剥蚀、河流侵蚀等外营力塑造了雪山冰川、宽谷盆地、深切峡谷等多样地貌；印度海洋性气候和高原大陆性气候交互影响形成了复杂山地气候，发育了 5 个山地垂直带，为许多稀有动植物提供了生存和繁衍场所，可谓喜马拉雅山区物种避难所和生物多样性宝库。在 2007—2009 年吉隆—聂拉木地区景观资源本底调查中发现，除了这些令人叹为观止的自然生态景观，还遗存了珍贵的原生态人文景观。7世纪，泥婆罗（今尼泊尔）赤尊公主嫁入西藏，沿途建寺，修葺遗址，唐代杰出外交家王玄策著碑刻崖，藏传佛教圣人米拉日巴修行遗址，以及清军大将福康安抗击廓尔喀人入侵的战场遗迹，记录了两地上千年的文化交流历史。历史悠久而独具特色的民间歌舞、手工艺及传统生活生产习俗仍然保存良好，甚至在中尼边境，流传着属于世界非物质文化遗产的濒危语言。珠峰自然保护区集中展示了喜马拉雅山区的自然与人文资源价值，它不但是我国的宝贵财富，也是全世界共同拥有的珍贵遗产。

4. 全球可持续发展研究的典型地区

人类社会的可持续发展与自然地理环境相互作用。喜马拉雅山脉在全球环境、气候、生态等领域的显著地位，对青藏高原、我国西北和东部广阔地域以及更遥远地区的自然环境和人类活动都有重大影响。珠峰自然保护区属生态交错带，环境对人类干扰尤其敏感，一旦破坏将难以恢复。然而，耕地和草地资源稀缺导致区域发展与保护的矛盾日益突出，迫切需要寻求符合当地自然和人文资源禀赋的可持续发展模式。中央第五次西藏工作座谈会明确了建设南亚陆路贸易大通道战略和建设吉隆跨境经济合作区的战略目标，随着吉隆口岸基础设施、交通、商贸服务设施的建成，旅游业将成为当地经济产业的重要支柱。保护区毗邻尼泊尔郎塘国家自然保护区，具有发展国际通道型旅游的资源优势和区位优势，也是中喜马拉雅山区经济社会可持续发展的首选途径。近年来，聂拉木山地依托中尼公路这一重要通道，将南亚宗教朝觐者和国内外游客聚集到我国西藏和尼泊尔两大世界旅游目的地，实现了传统农业经济向服务业经济的转型。但是，旅游经济发展也给山区带来了新的环境压力。未隔离区域踩踏破坏地被层，压实土壤，减少孔隙空间，降低土壤通气性、渗透性，增加土壤侵蚀几率；水上游憩活动或向水域排放旅游垃圾，改变水体及水生生物成分并将病原体带入湖沼河塘；燃煤或汽车排放增加大气 SO_2、NO_x 等废气浓度，改变山地森林 CO_2 垂直分布格局；山野休闲旅游刺激野生动物捕杀，干扰动物进食、休息和繁殖，外引物种扰乱当地固有生态系统；游客不恰当行为破坏景观生态整体性和生物多样性，景观结构破碎化，以致景观美学价值荡然无存。珠峰自然保护区具有复杂山地环境，生态脆弱与生物多样性和丰富的原生态文化并存，缺乏科学研究基础支撑的旅游活动将给这一区域的生态环境带来不可逆的破坏。因此，针对特殊人文-地域系统构成的山区旅游环境，探讨资源对人类活动的空间承载能力，不但对喜马拉雅地区涉及的国家和地区可持续发展具有借鉴意义，还将影响到中国乃至全球的可持续发展。

1.2 研究内容

国内外研究学者对喜马拉雅这一庞大的地体命名存在一定差异，由喜马拉雅区显著的纬向、经向格局对地理学、地层学、构造地质研究造成的影响所致。本书研究目标是喜马拉雅山脉中段景观地学，需要一个对应的地理名称以体现其纬向和经向上的地学特征。“西藏喜马拉雅山脉中段”在纬向上是指喜马拉雅区中段，经向上归属 Gansser(1964)和我国学者命名的“西藏(特提斯)喜马拉雅”。对照叶洪等(1975)、常承法等(1975)及中国科学院青藏高原综合科学考察队的相关研究，珠穆朗玛峰国家级自然保护区在构造带上归属于特提斯喜马拉雅南部(即北喜马拉雅南坡)地台型沉积盖层和高喜马拉雅滑动推覆带，在沉积带上归属于特提斯喜马拉雅南部冒地槽型沉积带，是西藏喜马拉雅山脉中段最为集中和典型的地学景观体。在此意义上，本书使用“珠峰自然保护区”或“保护区”以代表西藏喜马拉雅山脉中段，以避免行文冗长。本书研究的主要内容如下所示。

1. 珠峰自然保护区地质背景

基于板块构造学说的理论和方法，分析珠峰自然保护区的大地构造位置及构造单元。以地层学、沉积学、岩石学理论为引导，梳理保护区地层系统，分析地层岩性及分带性。从区域构造角度，确定保护区构造格局。从第四纪沉积物类型、古气候和新构造运动三个方面论述保护区的第四纪地质。

2. 珠峰自然保护区地学景观资源系统

在旅游景观理论指导下，厘定保护区地学景观资源界限，在此基础上建立珠峰自然保护区地学景观分类指标，调查整理研究区的地学景观资源，建立地学景观系统，结合分类指标分析地学景观系统结构和特征。

3. 地学景观资源评价

分析和定量评价地学景观系统特色，分析保护区“世界屋脊”“雪域高原”景观特征的合理性和适宜性，为保护区地学旅游资源利用和保护奠定理论基础。

4. 珠峰自然保护区景观成因

基于珠峰自然保护区的地质结构分析，以地层学、构造地质、新构造运动的研究理论和方法，分析地学景观形成过程中的古地理环境特征。通过梳理主要地质事件，开展保护区地学景观成因背景、成景环境、成景过程、景观成因演化与形成机理等方面的研究。

1.3 技术路线

研究区地学景观系统构建涉及自然地理背景结构解析、已有研究成果梳理、地学景观系统指标设计、地学景观资源辨识和成景动力学机制研究。研究区地表系统研究基础薄弱，研究过程中采用遥感解译、实验分析、实地验证等技术手段进行信息挖掘和数据提取，通过系统关联性分析实现地学景观提取和空间分布表达。技术路线如图 1-1 所示。

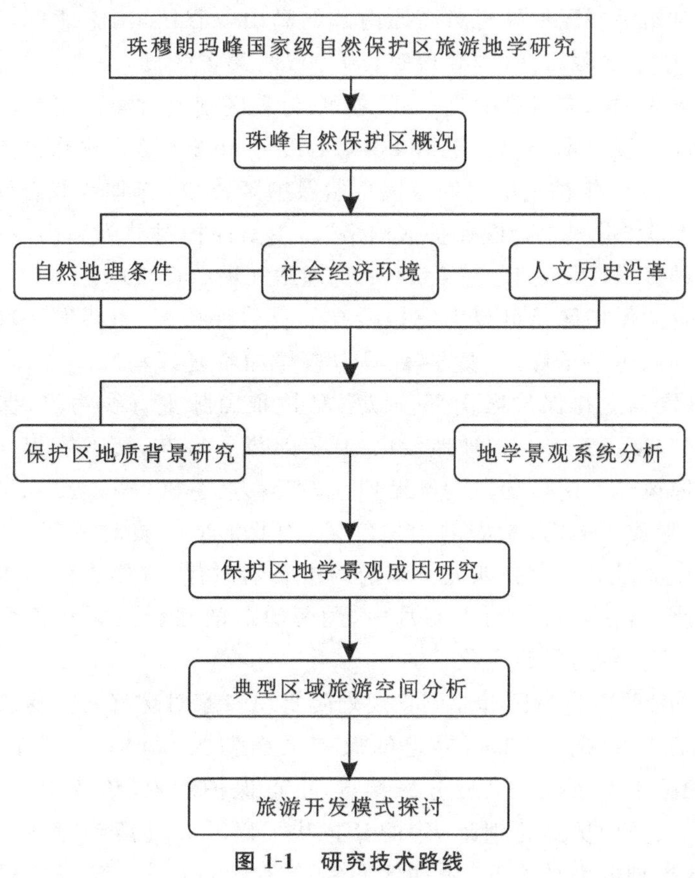

图 1-1　研究技术路线

2 研究区概况

2.1 区位条件

珠峰自然保护区地处青藏高原南部的高山峡谷区，南临印度、尼泊尔、不丹三国，北依雅鲁藏布江（刘春玲等，2010），西起吉隆县，东至定结县，位于北纬 27°48′—29°19′，东经 84°27′—88°之间，行政区划上隶属西藏自治区日喀则地区，辖吉隆、聂拉木、定日、定结 4 县（Bodo et al，2005）。珠峰自然保护区建于 1988 年，1994 年被批准为国家级自然保护区，2004 年加入联合国教科文组织（UNESCO）“世界生物圈保护区网络”。主要保护对象为高山、高原生态系统及其物种多样性，目前已建立 14 个管理站和进山检查站。

珠峰自然保护区是世界上海拔最高的自然保护区，世界第一高峰——珠穆朗玛峰和周边洛子峰、卓奥友峰、马卡鲁峰和希夏邦马峰 4 座 8000 m 以上的山峰，共同矗立在保护区南部。以喜马拉雅山脉主脊线为界，保护区分为两个区域（郑度，1975）。北坡地段山地平缓，湖盆罗布，河谷宽坦，呈现广阔、恬静的高原风光。南坡地段沟谷纵列，垂直落差大（800～5200 m），受印度洋季风影响，形成了多雨、湿润的山地气候，因此形成了森林密布、鸟语花香的喜马拉雅南翼风光。早在四五千年前的中石器时代，藏族人民的祖先就已生活在珠峰脚下，在漫长的历史岁月中，勤劳勇敢的藏族人民在这里创造了古朴多彩、极富特色的民族文化。

2004 年，西藏自治区林业调查规划院组织专家对珠峰自然保护区进行了范围及功能区划调整，重新界定的保护区面积为 32681.53 km^2（刘务林，2007）。根据生态系统的区域分异特点、重点保护对象（珍稀濒危物种、自然历史遗迹、人类历史文化遗址等）的分布状况以及人类活动对环境的影响程度，保护区被划分为核心区、缓冲区和实验区三个部分。珠峰自然保护区共有七个核心保护区，超过 1 万 km^2，约占保护区总面积的 30%。其中，脱隆沟、绒辖、雪布岗、江村、贡当五个核心区为喜马拉雅山南翼湿润、半湿润山地森林生态系统的代表；珠穆朗玛和希夏邦马两个核心区，是喜马拉雅山北翼半干旱高原灌丛、草原生态系统的代表。缓冲区界于核心区和实验区之间，有陈塘、帕卓-卡达、聂拉木、吉隆和贡当五个缓冲区，面积约 6250 km^2。实验区也是经济发展区，是保护区人口最密集、受人类活动影响最大的地区。实验区分布于保护区东北部，约占保护区总面积的50%。保护区内最大的城镇——定日县协格尔镇位于该区腹地，它是保护区的政治、经济、文化、教育中心。

保护区镶嵌在西藏腹地和南亚旅游重地尼泊尔之间，国境线上分布着三个国家级通商口岸，日屋镇为国家二类口岸，樟木镇、吉隆镇为国家一类口岸（饶春艳，2009）。在青藏高原旅游发展战略框架内，珠峰自然保护区的旅游目的地、旅游中转站区位条件极其优越，是喜马拉雅地区重要的旅游通道。每年大量游客沿中尼友谊公路进入保护区，更多游客通过樟木口岸进出西藏。保护区—江孜—日喀则—拉萨，或吉隆—佩沽错—萨嘎—阿里，这两条著名的观光、朝觐旅游线路，仍然吸引着无数旅游者。与保护区紧邻的尼泊尔与保护区三个国家级通商口岸连接，3个山地国家公园与保护区仅一河之隔，是一个以旅游为最大外汇收入的国家。尼泊尔第二大徒步旅行区和最主要的登山目的地——萨迦玛达国家公园，与聂拉木县的樟木镇相通，是南坡登顶珠峰的必经区域，以保护地球上最高的山地野生植物和脆弱生态系统以及夏尔巴人独特文化为目标，在1979年被认定为“世界自然与历史遗产地”。出色的夏尔巴人山地导游，被誉为“珠峰之家”和“尼泊尔徒步旅行业的领袖”，与我国登山队的友好交往源远流长。郎塘国家公园位于拉苏瓦地区，是尼泊尔第三大徒步旅行区，与吉隆镇热索桥隔吉隆河相望。自唐代初期，吉隆—尼泊尔一线就是我国西藏地区与尼泊尔的文化走廊（崔巍，1994）。马卡鲁-巴隆国家公园是尼泊尔第八大国家公园，紧依朋曲下游的日屋镇和陈塘镇。公园囊括了尼泊尔六个大型的河流，能看到仍在继续的喜马拉雅抬升运动，以及三个不同民族——瑞斯、胜萨瓦和夏尔巴，他们仍保留着丰富的文化遗产。此外，保护区南出国境之后，距离加德满都车程约90 km（吴杰等，2011），这一优势地位，极有利于开展跨境国际旅游。

2.2 自然条件

1. 地质

珠峰自然保护区在前寒武纪变质基底基础上，经过被动大陆边缘海—周缘前陆盆地沉积过程，在新近纪和第四纪接受陆相沉积，形成了55个年代地层。从前寒武系至古近系的海相地层基本连续，为世界罕见。按照《中国地层指南》和《国际地层指南》对生物地层单位的定义，在《西藏自治区岩石地层》的研究基础上，研究区共建立了83个生物地层单位，各门类化石共计377

属 480 种。保护区的大地构造单元属喜马拉雅陆块(Tapponier et al,1975),位于雅鲁藏布江缝合带以南,与恒河平原相分隔的主前缘断裂以北(郑度,2005),跨两个次级地质构造单元:喜马拉雅高结晶-变质基底杂岩带、北喜马拉雅特提斯沉积褶冲带(潘桂棠等,2002)。北邻冈底斯-念青唐古拉燕山褶皱系,东接扬子地台,南面受印度地台的北向挤压,总体呈向南突出的弧形。

2. 地貌

珠峰自然保护区平均海拔 4200 m(图 2-1),它与地处珠峰南坡的尼泊尔萨迦玛达国家公园同为世界海拔最高的自然保护区。保护区北缘是以拉轨岗日为主体的山脉——藏南分水岭;在东部和中部,它是朋曲水系和雅鲁藏布江水系的分水岭,在西部它为佩沽错内流水系和雅鲁藏布江水系的分水岭。受控于东西走向构造,它与喜马拉雅山脉平行延伸,山脉主脊线平均高度为 5500～5800 m。藏南分水岭在地貌上具有重要意义,它是藏南山原湖盆区与雅鲁藏布江中游宽谷之间的地理分界线。

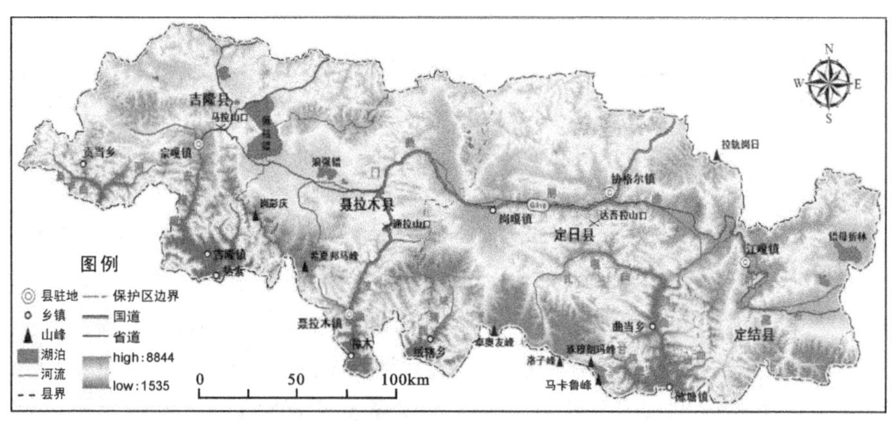

图 2-1 珠峰自然保护区地貌形态图

佩沽错东侧以一平坦的冰水平原与藏南谷地的另一地貌类型——朋曲谷地相连。朋曲属恒河水系,全长 384 km,落差 3370 m,自西向东横贯保护区,是区内最重要的河流,由东西向和南北向两大河段组成。朋曲在西宁藏布汇口处急折南下,形成南北向河段。这一河段由尤里峡谷和陈塘峡谷以及两峡谷间的泽门-卡达宽谷组成。切越喜马拉雅山脉的朋曲陈塘峡谷,为北上高原的印度洋暖湿气流提供了通道。受水汽通道作用的影响,喜马拉雅山南翼湿润山地森林生态系统沿河谷深入至山脉内部。

喜马拉雅山脉是世界上最高大、最年轻的山脉,它自西向东横贯保护区南缘。其中,中喜马拉雅地区包含了整个山脉的最高部分,有以珠穆朗玛峰为中心的一系列高峰、峡谷。在高喜马拉雅地区,海拔 8000 m 以上的山峰除珠穆朗玛峰外，还有洛子峰、马卡鲁峰和卓奥友峰。7000 m 以上的高峰有格重康峰、赤仁玛峰和卡达普峰等 10 余座，组成了地球上最高的山地。由于山势高度大、冰川作用和寒冻风化作用强烈，山峰岩石嶙峋，多呈角峰、刃脊等地形。研究区以喜马拉雅主脊线为界，南翼形成海洋性冰川，冰川补给和消融水平较高，运动速度快(平均运动速度达每年 100～300 m)，具有强烈的地质地貌改造作用，流经的山坡两侧有明显的冰川修剪线。夏日，冰川大量消融，在其他条件配合下往往在下游形成巨大的冰川泥石流，这是喜马拉雅南坡地区最常见和最重要的一种自然灾害。

珠峰自然保护区南翼以山地地貌为主，山地起伏变化较大，山峰常成锥塔状突起，山脊则为锯齿状的刃脊地形，有积雪和冰川，现代雪线在 5500～6100 m。山坡的中段比较平缓，而下段常为陡坡，其纵剖面坡拆成阶梯形，中间平缓的山坡部分相当一级古冰川侵蚀面，海拔 4500～5000 m。岩石所受物理风化作用和流水作用极为强烈，河流深切于山地，形成了深窄的嶂谷和"V"形峡谷[图 2-2(a)]，河床纵比降大，多为瀑布和跌水，流水侵蚀和搬运作用强烈。山群之间是追踪断裂溯源侵蚀形成的深切峡谷，自东向西依次分布有陈塘谷地(包含拿当沟、朋曲下游和嘎玛沟)、绒辖谷地、波曲谷地、吉隆谷地和贡当谷地。其中，朋曲横跨喜马拉雅山，珠峰东部的错曼曲、卡尔达河与卡玛河等支流分别注入该水系[图 2-2(b)]，这些支流大致顺着东西向构造线发育，深切于基岩，成顺向的峡谷。受到喜马拉雅山强烈隆起的影响，朋曲河床纵比降在南坡骤然增大，河流顺坡强烈下切，形成了"V"形峡谷地貌(以陈塘沟附近最为明显)(图 2-3)。

保护区南翼水系方向大体呈南北向(除卡玛河外)，且河床比降陡，水流湍急，多为瀑布和跌水。其中以吉隆沟、樟木沟、朋曲表现最为明显，河谷南北总体落差在 1600～5200 m 之间，并呈现局部下切面较深(朋曲下游和绒辖曲)和水流方向多变的现象。峡谷内以基座或侵蚀的冰水阶地为主，阶地多具零星分布、高低悬殊、阶地面狭窄，在阶地的相关位置上表现出不同时期在同一阶地分布的部位高度不同。如绒辖曲、卡尔达河与卡玛河的阶地相对高度普遍是向下游增大，这是河流溯源侵蚀作用强烈的结果。

3. 气候

保护区山体巨大、地势高亢，具有太阳辐射强，日照丰富，气温日差较大、年差较小等热带山地气候特征(张经炜等，1975)，与东部同纬度低地差别较大。由于地处高原南部，研究区受南亚地区季风活动影响，气候表现出明显的季风特征：冬半年为西风带控制，夏半年受暖湿海洋气流的影响。迎向暖湿气流的南坡山地降水丰沛，发育海洋性自然带谱，表现为湿润、半湿润季风

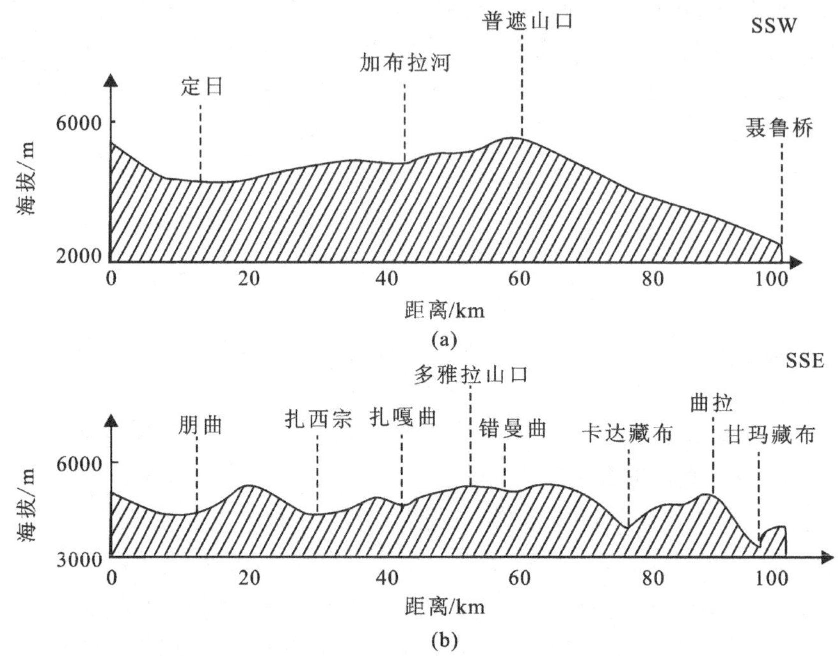

图 2-2　中喜马拉雅南坡地势剖面图(据珠峰科学考察队修改,1962)

(a)定日-聂鲁桥地势剖面;(b)朋曲-卡玛河地势剖面

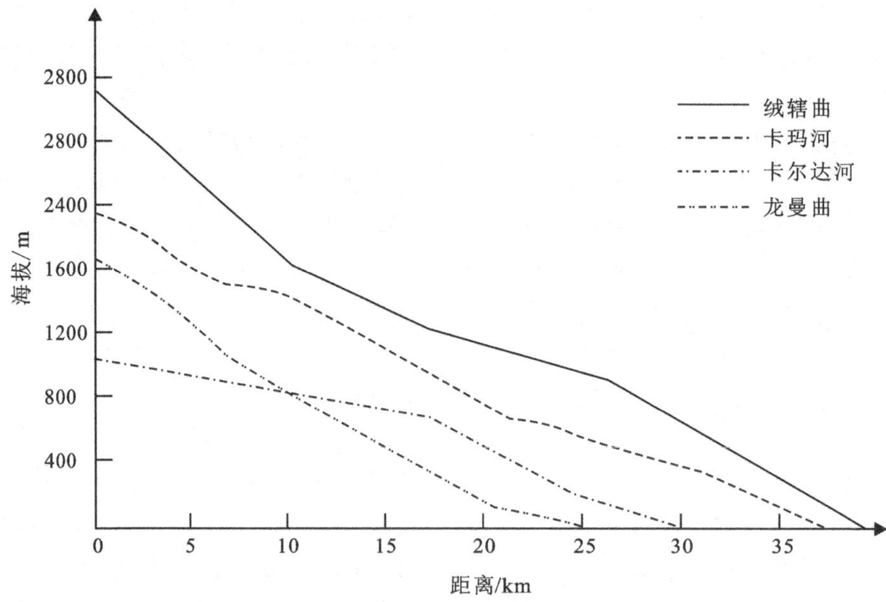

图 2-3　珠峰南坡河流纵剖面曲线图(据珠峰科学考察队修改,1962)

气候特征。

在水平方向上，喜马拉雅山脉的抬升起了气候的屏障作用，阻挡着夏季印度洋暖湿季风的北移和由北往南寒潮的侵袭，形成了南侧的暖湿气候。南侧大部分地区年平均温度较北侧高，但由于南侧的降水丰沛，相应海拔高程的气温要比北侧低一些。自喜马拉雅山南麓尼泊尔境内的加德满都向北至珠峰南坡，一般降水量随着地表海拔高程的增加而迅速减少。

4. 土壤

土壤垂直分带性明显。喜马拉雅地区土壤在地理上的分布受到生物气候带和山脉大幅度上升双重因素的影响。以珠峰自然保护区为典型代表的中喜马拉雅地区土壤分布以喜马拉雅山为界，南北差异极为显著(图 2-4)。南翼山地森林土壤地带与青藏高原东南部森林土壤地带相类似，同属于亚热带黄棕壤、棕壤垂直结构类型。随着植被更替和水热条件在垂直空间上的变化，自下而上依次出现山地黄棕壤、山地酸性棕壤、山地漂灰土、亚高山灌丛草甸土、亚高山草甸土、高山草甸土和高山荒漠土等。以各种森林土壤类型占据优势地位，是区内主要森林分布区。由于气候湿润，南侧山地上的亚高山和高山草甸土比较发育，土带较宽。土壤多呈微酸性反应，有机质含量较高。

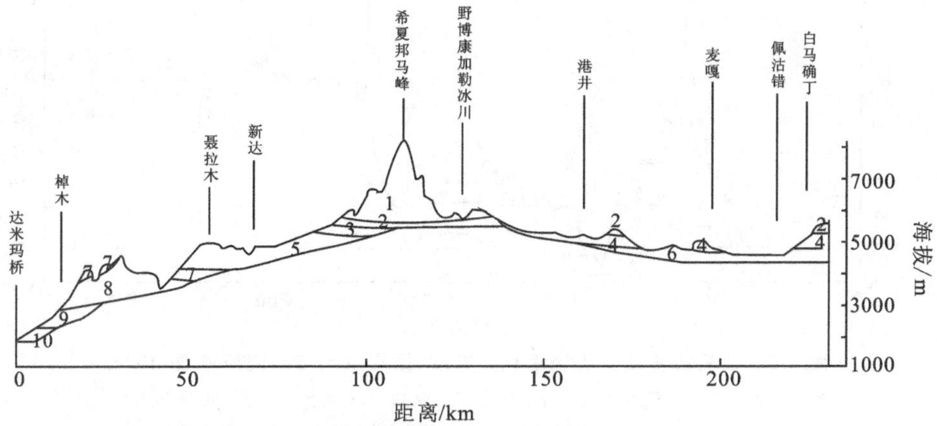

图 2-4 希夏邦马南北土壤垂直分布图(据南京土壤研究所修改,1975)

1—冰雪;2—高山荒漠土;3—高山草甸土;4—高山草甸草原土;5—亚高山草甸土;6—亚高山草原土;7—亚高山灌丛草甸土;8—山地漂灰土;9—山地酸性棕壤;10—山地黄棕壤

河谷地带的土壤分布地区性变化大(图 2-5)。保护区河流均为切穿山岭南流的河谷，但各河谷位置和受季风影响的不同，水分状况也有差别，大致可归纳为两大类型：吉隆河谷、贡当河谷属半湿润气候区，樟木河谷、绒辖河谷、陈塘河谷属湿润气候类型。这两类土壤在各类地区虽然同属于一个垂直结构类型，但各土带宽窄和上下分界线是有差别的，尤以森林土壤类型变化最为突出。在森林郁闭线以上土壤分布的差异较小，如山地漂灰土在湿润型的樟木一带，分布幅度宽达 600～1100 m，阴阳坡均有分布，下限最低可达海拔 2900 m，一般凋落物层的累积较厚，灰白色漂灰土层发育明显；在半湿润型的吉隆地区，该土带宽仅 400 m 左右，仅分布于阴坡，灰白色漂灰土层发育较差；甘玛藏布河谷与绒辖河谷一带，山地漂灰土的发育、分布情况介于上述两地区之间。山地酸性棕壤在湿润型的樟木一带，其分布上限下降至海拔 2900～3100 m；在半湿润型的吉隆地区，随着干燥程度增强，该土带上限上升到海拔 3600～3700 m；甘玛藏布河谷和绒辖河谷介于两地区的过渡类型。山地黄棕壤在湿润型的樟木一带形成于常绿阔叶林下，阴坡地段尚有山地漂灰土、山地黄棕壤亚类发育；在半湿润型的吉隆地区该类土壤发育在常绿针叶树——长叶松林下，以山地黄棕壤亚类分布最为广泛。此外吉隆河谷在河口处，河谷狭窄，气候干热，以致有类似云南省元江干热河谷霸王鞭草原景观加入垂直结构系列。

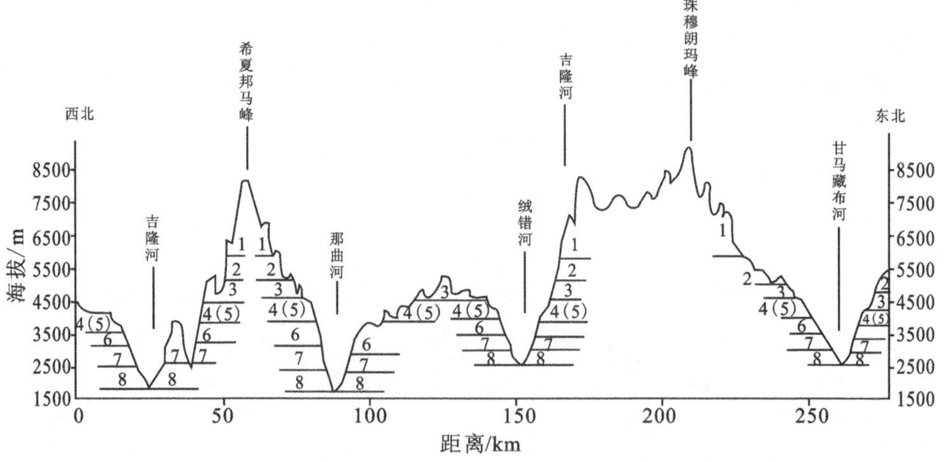

图 2-5　喜马拉雅山区土壤垂直分布图(据南京土壤研究所修改,1975)

1—冰雪；2—高山荒漠土；3—高山草甸土；4—亚高山草甸土；5—亚高山灌丛草甸土；6—山地漂灰土；7—山地酸性棕壤；8—山地黄棕壤；括号内数字表示阴坡

河谷切割强烈，地形较为破碎，局部地段小气候变化较大，增加了河谷土壤垂直结构组成的复杂性。河谷土壤的地理分布与高原有所不同，一般土壤的垂直结构是从基带开始向上垂直的。但由于河谷地形变化较大，各河段往往只出现整个垂直结构类型中的大部分或一部分。如樟木沟自海拔 3000 多米的分水岭脊向下切割至 1600 m 左右，河谷气候湿润，森林连续分布，常绿阔叶林、针阔叶混交林和针叶林的垂直分带相当明显，相应地自下而上分布着山地黄棕壤、山地酸性棕壤、山地漂灰土和亚高山灌丛草甸土，不见亚高山草甸土和高山草甸土。至曲乡河段，谷底升高到海拔 3300 m 左右，河谷气候略有变化，森林带明显变窄，针阔叶混交林和常绿阔叶林受到限制，针叶林的分布上限也被迫抬升，因此，这里的垂直结构是从山地漂灰土开始的。同时，由于附近分水岭海拔高达 5000 m 左右，具有较大垂直空间和寒冷湿润的成土条件，亚高山草甸土和高山草甸土占有相当大的面积。

5. 植被类型

保护区植被的垂直分带较为明显。可以划分为四个植被带，即高山荒漠带、高山草甸带、高山灌木带和森林带，其主要植被类型及群系组成如图 2-6 和表 2-1 所示。

(1)高山荒漠带：分布于雪线以下，海拔 4600 m 以上的地段。本带较北坡荒漠带湿润，主要的植物种类和北坡基本一致，植被组成、结构与北坡差异较小，仅有部分物种在北坡未出现。如，兔耳草 *Lagotis* spp. 和杜鹃 *Bhododendron* spp. 等在北坡的荒漠带并未出现。

(2)高山草甸带：保护区南坡各流域上源地段，气候较为温和，湿度较高，尤其是靠定结南部的甘玛藏布和朋曲，因中下游河谷较宽而平直，受到的影响较大，雨季期间，河谷经常浓雾弥漫。在荒漠带以下，形成以喜湿性植物为主的草甸植被，它的分布一般皆有海拔 4500～4800 m 间的地段。生长的植物种类基本和北坡草甸植被一致。

(3)高山灌木带：在海拔 4100 m 以下的甘玛藏布两岸森林植被较发育，4100 m 以上是灌木带。分布在定日县东南部的卡得藏布流域，阳坡上大面积分布着滇藏方枝柏灌丛，山坡砾石含量较多；阴坡上分布着以糙皮桦、柳和杜鹃为主的植被，河流两岸坡地上土壤贫瘠，灌木稀疏(尤以阳坡明显，盖度在 30%以下)。阳坡植物以耐旱的滇藏方枝柏 *Sabina wallichiana*、绢毛蔷薇 *Rosa sericea*、绣线菊 *Spiraea* sp. 等为主，阴坡植物以节枝柳 *Salix dalungensis*、糙皮桦 *Betula utilis*、髯花杜鹃 *Rhododendron anthopogon*、刚毛杜鹃 *R. setosum*、鳞腺杜鹃 *R. lepidotum*、扫帚岩须 *Cassiope fastigiata* 等为主。珠峰西部的绒辖曲河谷内，灌木带在阳坡也下延到海拔 3300 m 的绒辖乡附近。在种类方面，以滇藏方枝柏、锦鸡儿 *Caragana* sp.、绢毛蔷薇和茶藨子等旱生植物为主。

(4)森林带：一般分布于海拔 4100 m 以下的河谷两侧，部分在阳坡分布可达 4300 m，而绒辖曲阳坡在海拔 3300 m 以下才有森林出现。森林带又可划分为四个林带：即海拔 4000～4300 m 的疏林带，阳坡以滇藏方枝柏疏林为主；阴坡以杜鹃、糙皮桦疏林为主。海拔 3600～4000 m 地段为针叶林带，阳坡以杜鹃、柏树林为主；阴坡以杜鹃、冷杉林为主。海拔 2800～3600 m 地段为保护区主要森林分布区，为针阔混交林带，所占面积最大，木材蓄积量最多。针叶属种以喜马拉雅冷杉 *Abies spectabilis* 和云南铁杉 *Tsuga dumosa* 为主，阔叶树种以篦齿槭 *Acer pectinatum*、藏南槭 *A. campbellii* 等为主，构成明显的亚乔木层，林下以深红朱砂杜鹃 *R. cinnabarinum* var. *roylii*、树形杜鹃 *Rhododendron arboreum*、西藏箭竹 *Fargesia setosa* 等为主。草本层较为发达，盖度在50%以上。其中以喜马拉雅冷杉林面积最大，林下生境湿润，多分布有喜阴、耐湿植物。在海拔 2800 m 以下，多分布着落叶阔叶林带，该带面积相对较小，仅见于接近河口处（甘玛藏布和绒辖曲河口处较常见），林相复杂，树种丰富，以尼泊尔桤木 *Alnus nepalensis*、滇青冈 *Cyclobalanopsis glaucoides*、尼泊尔野桐 *Mallotus nepalensis* 等为主。藤本植物茂盛，盘绕树木，如尼泊尔常春藤 *Hedera nepalensis* 等。林下灌木层和草本层较为茂盛，种类丰富，其中草本层以蕨类植物占有很大比例。而在海拔 2700m 左右的吉隆县境内，分布着大面积的乔松林，林下物种组成简单，多被松针覆盖，极少见地被植物。

由图 2-6 可知，中喜马拉雅地区南翼植被垂直带基带是由热带科属（龙脑香科的娑罗双树属等）的植物组成；在植被垂直带谱中缺乏温带山地的落叶阔叶林带和冻原带，却分布着以常绿栎林等为主的山地常绿阔叶林带；整个植被垂直带谱与热带的东、西喜马拉雅山连成一体。因此，它的植被垂直带应属于热带（北缘）山地植被垂直带的范畴。

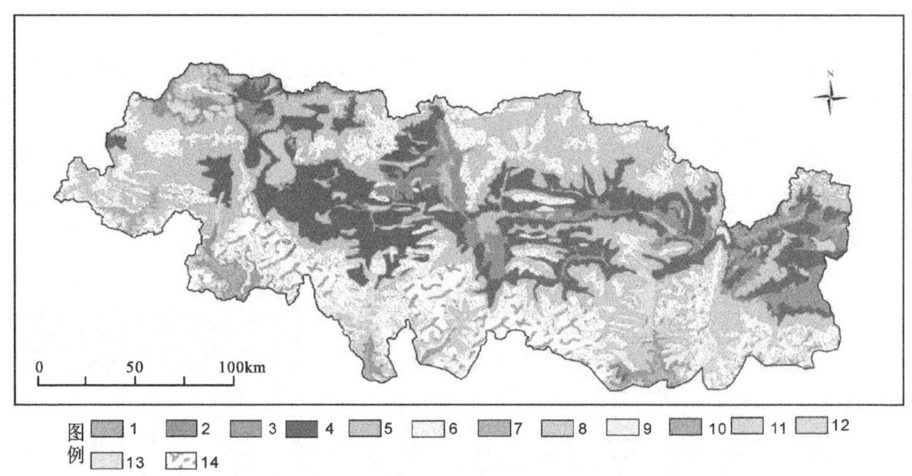

图 2-6　珠峰自然保护区植被景观遥感解译图

1—亮针叶林；2—蒿类固沙草草原；3—暗针叶林；4—针茅草原；5—常绿阔叶林；6—高山流石滩稀疏植物；7—落叶阔叶林；8—蒿草草甸；9—针叶灌丛；10—农田植被；11—常绿革质灌丛；12—湖泊；13—落叶阔叶灌丛；14—冰川

表 2-1 **不同海拔段主要群落类型分布统计**

海拔/m	<3000	3000～3500	3500～4000	4000～4500	4500～5000	>5000
群系类型	西藏红杉林、喜马拉雅冷杉林、长叶云杉林、垂枝柏林、云南铁杉+高山栎混交林、乔松林、糙皮桦林、尼泊尔桤木林、曼青冈林、高山栎林、箭竹林、蕨麻委陵菜草甸、斑唇马先蒿草甸	西藏红杉林、喜马拉雅冷杉林、垂枝柏林、云南铁杉+高山栎混交林、乔松林、糙皮桦林、沙棘林、高山栎林、箭竹林、枸子灌丛、褐背柳灌丛	西藏红杉林、喜马拉雅冷杉林、垂枝柏林、糙皮桦林、沙棘林、高山栎林、箭竹林、滇藏方枝柏灌丛、香柏灌丛、高山柏灌丛、钟花杜鹃灌丛、鳞腺杜鹃灌丛、宏钟杜鹃灌丛、扫帚岩须灌丛、绢毛蔷薇灌丛、枸子灌丛、糙皮桦-节枝柳灌丛、褐背柳灌丛、拱枝绣线菊灌丛、藏北嵩草草甸、青藏苔草草甸	糙皮桦林、沙棘林、滇藏方枝柏灌丛、香柏灌丛、高山柏灌丛、雪层杜鹃灌丛、刚毛杜鹃灌丛、髯花杜鹃灌丛、钟花杜鹃灌丛、毛花杜鹃灌丛、宏钟杜鹃灌丛、扫帚岩须灌丛、金露梅灌丛、小叶金露梅灌丛、变色锦鸡儿灌丛、鬼箭锦鸡儿灌丛、绢毛蔷薇灌丛、糙皮桦-节枝柳灌从、褐背柳灌丛、拱枝绣线菊灌丛、垫状点地梅垫状植被、藏北嵩草草甸、矮生嵩草草甸、高山嵩草草甸、以珠芽蓼为主的草甸	香柏灌丛、雪层杜鹃灌丛、刚毛杜鹃灌丛、金露梅灌丛、小叶金露梅灌丛、西藏锦鸡儿灌丛、变色锦鸡儿灌丛、硬叶柳灌丛、苔状蚤缀垫状植被、垫状点地梅垫状植被、藏北嵩草草甸、矮生嵩草草甸、高山嵩草草甸、珠峰苔草草甸、青藏苔草草甸、以珠芽蓼为主的草甸、以圆穗蓼为主的草甸	小叶金露梅灌丛、苔状蚤缀垫状植被、垫状点地梅垫状植被、藏北嵩草草甸、珠峰苔草草甸、青藏苔草草甸、以珠芽蓼为主的草甸

6. 生态系统

珠峰自然保护区地处青藏高原南缘，独特的大气环流形势和特殊的地理位置及地势结构，是控制该区域生态系统形成与发生分异的主导因素。喜马拉雅山脉对印度洋暖湿气流的阻挡作用，使生态系统在水平方向产生明显的区域分异。山脉南翼受到印度洋暖湿气流的强烈影响，降水充沛，具有海洋性季风气候特征，高山峡谷地带气候垂直分异明显，河谷发育湿润的山地森林生态系统；山脉北翼由于高喜马拉雅山脉的屏障作用，印度洋暖湿气流受阻，翻山后耗尽大量水分的气流下沉，绝热增温产生焚风效应，加剧了北翼气候的干旱，呈现大陆高原气候特点，发育着与南翼截然不同的半干旱灌丛草原生态系统。同时，超过 7000 m 的巨大地势高差又使得水热组合条件随海拔升降而发生变化，造成生态系统的垂直分异，使喜马拉雅山脉南北两翼各自形成独特的垂直生态系统组合序列。

(1)喜马拉雅山脉南翼湿润山地森林生态系统。

该系统主要分布在喜马拉雅山脉南翼低山地区的尼泊尔王国，保护区仅分布在向北切越山脉主脊线的各条河谷下段。由于各河谷的地理位置、走向和宽窄不同，该生态系统沿河谷向北延伸的程度、垂直生态系统组合状况都有所差异。在朋曲下游谷地，其北延至曲当乡的玉洛、荡嘎、朋曲铁桥一线；绒辖谷地北界在郭嘎；波曲谷地向北延伸到聂拉木县城附近；吉隆藏布的北界在吉隆县温嘎洞一线；最西部的斗嘎尔河谷地，北延至贡当乡的撒拉、宿拉一线。

喜马拉雅山脉南翼湿润山地森林生态系统发育于南起喜马拉雅南麓的锡伐利克(Si-walik)、卡西(Khasi)山脉，北抵喜马拉雅主脊线，西起东经 83°附近，东至高黎贡山的广大区域。它是印度洋海洋性季风影响下形成的以低山热带季风雨林生态系统为基底，由一系列季风热带山地垂直生态系统共同组建的复杂生态系统：

①山地亚热带常绿阔叶林、半常绿阔叶林、常绿针叶林生态系统(900～2600 m)；

②山地暖湿带常绿针叶林、硬叶常绿阔叶林生态系统(2400～3300 m)；

③亚高山寒温带常绿针叶林、落叶阔叶林生态系统(3100～3900 m)；

④高山亚寒带灌丛、草甸生态系统(3700～4700 m)；

⑤高山亚寒带冰缘生态系统(4500～5700 m)；

⑥高山寒带冰雪生态系统(5500～5700 m 以上)。

(2)喜马拉雅山脉北翼半干旱高原灌丛、草原生态系统。

该系统分布于青藏高原南部，南以喜马拉雅山脉主脊为界，北至冈底斯-念青唐古拉山脉主脊，西至玛旁雍错水系与雅鲁藏布江河源水系分水岭——

马攸木拉山口，东抵东经 92°50′附近的三安曲林、加玉一线。该系统包括了中喜马拉雅山脉北坡、冈底斯-念青唐古拉山脉南坡、藏南分水岭以及山脉之间的藏南谷地、雅鲁藏布江中上游谷地。珠峰自然保护区位于整个生态系统的南部，除六条南流河谷外，保护区绝大部地区处在该系统内。系统内大部地区海拔在 4000 m 以上。由于喜马拉雅山脉的雨影作用，这里降水少，气候寒冷干旱，具有典型的大陆性高原气候特征。在上述环境制约下，形成了以高原寒冷半干旱灌丛高原生态系统为基底，并包含有三个垂直生态系统的高原山地生态系统系列：

①高原亚寒带灌丛草原生态系统（3700～5000 m）；

②高山亚寒带草甸生态系统（5000～5600 m）；

③高山亚寒带冰缘生态系统（5600～6000 m）；

④高山寒带冰雪生态系统（6000 m 以上）。

珠峰自然保护区的生物多样性在西藏境内仅次于墨脱自然保护区。据初步调查，区内共有高等植物 2348 种，包括被子植物 2106 种、裸子植物 20 种、蕨类植物 222 种、苔藓植物 472 种。此外，地衣植物 172 种，真菌 136 种；哺乳动物 53 种，鸟类 206 种，两栖动物 8 种，爬行动物 6 种，鱼类 10 种。其中，属国家重点保护的植物有 10 种，国家重点保护的动物有 33 种。

珠峰自然保护区地处古北极生物地理区的南部，位于该地理区最为特殊的两省——西藏省和喜马拉雅高地省的交界处。北部植物区系以泛北极成分为主，动物区系以古北界成分为主，两者均含有较多的高原特有成分，表现出西藏南部地区的鲜明特点；南部植物区系以中国-喜马拉雅成分为主，动物区系以东洋界成分为主，两者均含有较多的喜马拉雅特有成分，表现出喜马拉雅高地的地域特色。仅在珠峰自然保护区范围内，就存在着世界上两个极特殊的生物地理省的典型代表地段，这在世界自然保护区中亦属罕见，并且该保护区还是几个重要自然地理区域的交错地带，这对于增强保护区生物物种的多样性具有重要意义（李渤生，1993）。

2.3 社会人文环境

1. 历史沿革

（1）史前时代。

旧石器时代中晚期珠峰地区已有人类活动的痕迹。1966—1968 年组织的珠穆朗玛峰地区科学考察中，在定日县苏热乡（海拔 4500m）发现了刮削器、尖状器等 15 件属于旧石器时代中晚期的石制品；1990 年 6 月，西藏自治区文管会文物普查队在吉隆藏布东岸第二阶地上发现两处旧石器地点，采集旧石器与石制品80余件，种类有刮削器、砍砸器等，时代约为旧石器时代中晚期，地质时代可能属晚更新世晚期。在聂拉木县亚来乡（海拔4300 m）发现了具有典型细石器特征的石核、小石叶、石片、石器，共26件，从西藏全新世气候变化的情况看，这一区域的细石器可能主要属新石器时代早期，地质时代是中全新世前期（距今7500～5000年）。西藏细石器不仅延续时间较长，而且既可能与游牧-狩猎经济类型有关，也可能与农耕经济类型有关，并不代表着某一单纯的经济文化类型，这就使西藏史前面貌既有别于中国南方其他各省区，也与中国北方流行细石器的各省区有所区别，具有明显的地域特点。

（2）吐蕃王朝时代。

7世纪中叶，松赞干布统一西藏后，把疆域分成五大行政区，历史上称吐蕃的“五大茹”，即吾茹、悦茹、叶茹、茹拉和松巴茹，珠峰地区属于叶茹和茹拉区域。据《贤者喜宴》记载，现今吉隆一带（当时叫“芒域”），是尼泊尔通向吐蕃腹地的必经之路。1990年西藏自治区文管会文物普查队在吉隆县境内发现了一通额题为“大唐天竺使出铭”的汉文摩崖碑铭，记载了唐显庆年间我国著名旅行家王玄策通过吉隆出山口取道尼婆罗（今尼泊尔）去往北印度的事迹。此唐代碑铭首次以考古实物补证了吐蕃至尼婆罗的南段走向、出山口位置、王玄策使团的组成等若干史实，证实了吐蕃王朝时期唐蕃经济文化交流的真实性。

（3）分裂割据时代。

9世纪中叶，吐蕃第41代赞普朗达玛在拉萨大昭寺前的石碑旁遇刺身亡，吐蕃王朝结束，其后的400年间，西藏陷入长期分裂割据的局面，珠峰地区逐渐形成两个政治中心，一是以吉隆县为核心的阿里贡塘王统治中心，二是以定日县为核心的南拉堆地区南主王统治中心。

（4）教权时代。

当西藏再度统一时，由寺庙和教派掌控，西藏进入了教权时代。1662年，清朝依靠厄鲁特蒙古和硕特部首领固始汗剿灭藏巴汗势力，彻底摧毁了后藏的地方政权。清乾隆十六年（1751年），七世达赖执掌西藏地方政权，建立了噶厦政府，对西藏进行了区域重构，将地方行政机构调整为“基恰”（又称“基宗”，即总管宗，相当于今地区一级）与“宗”两级。19世纪初，噶厦政府将桑主孜宗（即日喀则宗）升格为“基恰”，下设16个“宗”和30多个“溪卡”。以前的贡塘王权和南主王权分别设为宗嘎宗（当地群众习惯称为“阿里宗嘎”或“德·阿里宗”，今县城附近区域）、吉隆宗（今吉隆镇一带）与协格尔宗，这一状态一直沿袭到1951年西藏和平解放。

2.人文背景

当代国际权威藏学家石泰安先生(R A Stein),对西藏文明的世界意义给予了极高肯定——"它现在是一种最后的活标本,它可以使我们回忆起和使我们更加接近代表欧洲和远东其他大文明的人类"(石泰安,2005)。西藏文明所涉及的各个方面具有极高的研究价值和典型意义。用"人类共有的文化遗产"来标注西藏文明是准确的,也是必需的。珠峰自然保护区横贯喜马拉雅山脉南北坡多重自然地理区域系统,且与佛教发源地、南亚文明古国尼泊尔接壤。"拉萨—日喀则—定日—佩沽错—吉隆—尼泊尔"自唐代以来就是连接西藏与南亚地区的文化走廊,其中有2/3路段位于保护区内。在这条古老的"南亚文化走廊"上,留下了赤尊公主入藏途中居住地遗迹,唐代杰出探险家王玄策所著《大唐天竺使出铭》,藏传佛教圣人米拉日巴修行遗址,以及清军大将福康安抗击廓尔喀人入侵时修筑的防御工事遗迹等。在这条走廊地带上,还有众多自古沿袭的民俗,它们是体现其遗产价值的"活文化"。

3.社会经济环境

据《2014年西藏自治区统计年鉴》发布的数据[①],珠峰自然保护区目前乡村从业人员有56795人,农林牧渔业产值46175万元,工业总产值4397万元,服务业产值2224万元,耕地面积12656公顷(1公顷$=1\times10^4$平方米),农作物播种面积12253公顷,粮食产量418万吨。饲养的主要牲畜有藏牦牛、藏系绵羊、山羊、黄奶牛、黄种牛、马、驴、犏牛等。上年产奶6965吨,羊毛348.94吨,羊皮206619张,牛皮21244张,年末牲畜存栏头数86.68万,肉类总产量3920吨。

《珠峰自然保护区总体发展战略及1990—2000年发展规划》曾指出,"保护区的经济发展以外贸旅游为纲,带动全区的商品经济发展"。目前,西藏有5个国家级口岸,其中樟木口岸、吉隆口岸、日屋口岸均位于研究区内。长期以来,西藏边境小额贸易主要通过樟木口岸与尼泊尔进行,2014年12月1日,由中国无偿援建、从加德满都直通热索瓦(吉隆口岸对应的尼泊尔口岸)的公路交付使用,吉隆口岸正式扩大开放。根据《日喀则地区吉隆镇总体规划》的设计,吉隆口岸将推进跨境经济合作区的建设,成为西藏的新口岸经济增长点。2015年,西藏加快建设南亚大通道,对接"一带一路",开启了环喜马拉雅经济合作带的建设,提出"以樟木、吉隆、普兰口岸为窗口,以拉萨、日喀则等城市为腹地支撑,面向尼泊尔、印度、不丹,发展边境贸易、国际旅游、藏

① 2015年4月25日,尼泊尔喜马拉雅山区蓝塘村发生8.1级地震,导致西藏喜马拉雅区域的吉隆、聂拉木山地受灾,统计工作受到影响。为了表现研究区长期发展的平均水平,本书采用2014年统计年鉴的数据,以展示社会经济环境在受灾之前的状况。

药产业以及特色农牧业、文化产业等”。珠峰自然保护区的民族手工技艺如地毯编织、银器制造、木制工艺传承久远，化石资源丰富，具有发展特色旅游工艺品产业的潜质。民族歌舞、民族餐饮、民族旅店等许多第三产业也应运而生，可以此为基础逐渐形成开放型的市场经济格局。从产业发展趋势来看，2002—2010 年，第一产业、第二产业增速缓慢，但第三产业保持着较快的发展势头，发挥着推动经济增长的主导作用(图 2-7)。

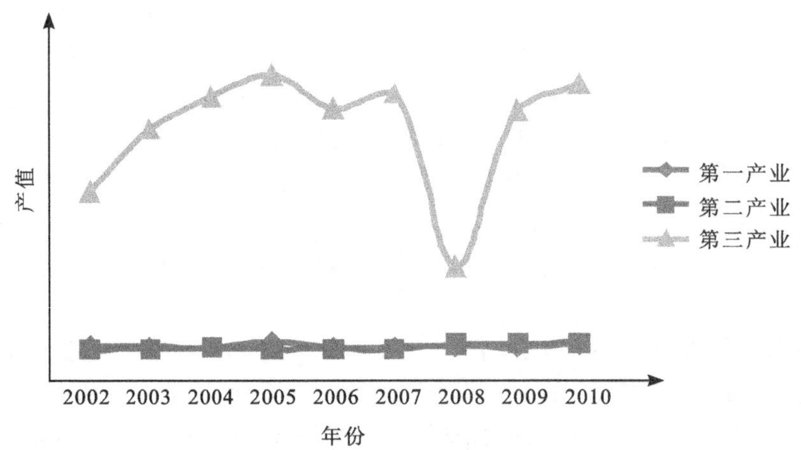

图 2-7　2002—2010 年保护区三大产业累计同比走势比较图

本章彩图

3 地质背景

3.1 构造背景

3.1.1 大地构造概况

珠峰自然保护区的大地构造位置与格局受周边大地构造的控制，处于西伯利亚地台、印度地台和太平洋洋盆三大稳定地块之间。南部受印度板块北向俯冲挤压，东部受太平洋板块推挤下的扬子板块挤压，北部面临巨大的欧亚板块阻挡，形成了横亘欧亚非之间、明显向南突出的阿尔卑斯-喜马拉雅巨型构造带，保护区处于这一东西向构造带东段的南向突出部位。从青藏高原构造区位来看，属冈底斯-腾冲陆块与喜马拉雅陆块的衔接部位(图 3-1)。

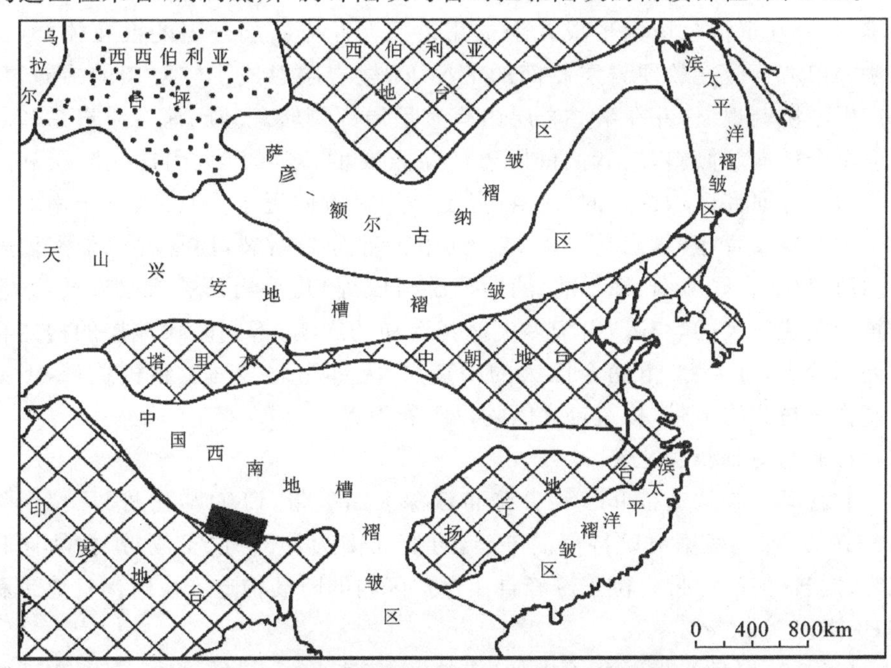

图 3-1 研究区大地构造位置图

1—地台；2—台坪；3—地槽褶皱；4—构造区界线；5—研究区

保护区隶属于我国27个构造单元(黄邦强等,1983)的雅鲁藏布地槽褶皱系,位于扬子地台西侧的中国西南地槽褶皱区,是特提斯-喜马拉雅地槽带的一部分。从青藏高原尺度来看,雅鲁藏布地槽褶皱系位于雅鲁藏布江深大断裂之南,错那-定日深断裂以北,总体呈一向南突出的弧形,北与冈底斯-念青唐古拉燕山褶皱系相邻,南邻印度地台北缘的喜马拉雅逆掩构造带。它包括雅鲁藏布和北喜马拉雅两个优地槽褶皱带,珠峰自然保护区属于北喜马拉雅优地槽褶皱带。地槽内前中生代地层出露少,广泛发育中新生代地层。晚始新世的喜马拉雅运动的1—2幕使地槽全面褶皱,形成以向南倒转为特点的紧密线状褶皱和梳状褶皱,并使新特提斯洋的海水最终退出这一构造区。

3.1.2 区域构造

根据沉积建造、构造特征、岩浆活动和变质作用等,本区构造走向和山系走向一致,总体近东西方向,局部存在南北向构造,从而组成一个复合的体系(图3-2)。从整体形态来看,以喜马拉雅主脉为核心构成了一个向南倒转的复式背斜。以南的岩层分布在变质程度由深到浅,甚至含化石的地层上面,多被平缓向北倾斜的冲掩断层分隔,且较高的断块相对于相邻的较低断块向南推移,并在尼泊尔境内形成几个被几条巨大冲掩断层分隔的推覆体群(常承法等,1975)。在软硬岩层相间的情况下,软岩层形成了较复杂的褶皱,从而产生不协调现象,并在某些岩层内褶皱呈局部倒转。基底深变质岩系和盖层岩系全体向北倾斜,二者之间隔着一条重要的、规模巨大的冲掩断层和动力变质带。研究区构造上的另一特点是与褶皱方向近于垂直的、近于南北向的构造非常发育(常承法等,1975)。其中大部分为断裂,而喜马拉雅南坡发育的河流(如吉隆藏布、樟木曲、朋曲下游河段等)几乎均是顺断层流过,并常常被切割成较大的峡谷。由于多次地壳运动的影响,不同时代地层的构造特征差别较大,分为上、下两个巨大的构造层,上部为北喜马拉雅构造带,下部为高喜马拉雅构造带,构造带之间均以断裂为界。

1. 北喜马拉雅构造带

北喜马拉雅构造带介于雅鲁藏布江深大断裂带(F80)与托丹-尼拉断裂带(F106)之间,根据地质特征的差异,自北而南为仲巴-仁布亚带、拉轨岗日亚带、定日-岗巴亚带。位于珠峰自然保护区内的断裂构造为拉轨岗日亚带和定日-岗巴亚带。

(1)拉轨岗日亚带。介于雄如-勇拉断裂带(F87)与尺马墩-多庆错断裂带(F101)之间,西窄东宽,宽度为30～100 km,呈近东西向展布。雄如-勇拉断裂带为仲巴-仁布构造亚带与拉轨岗日构造亚带的分界,走向近东西,缓波

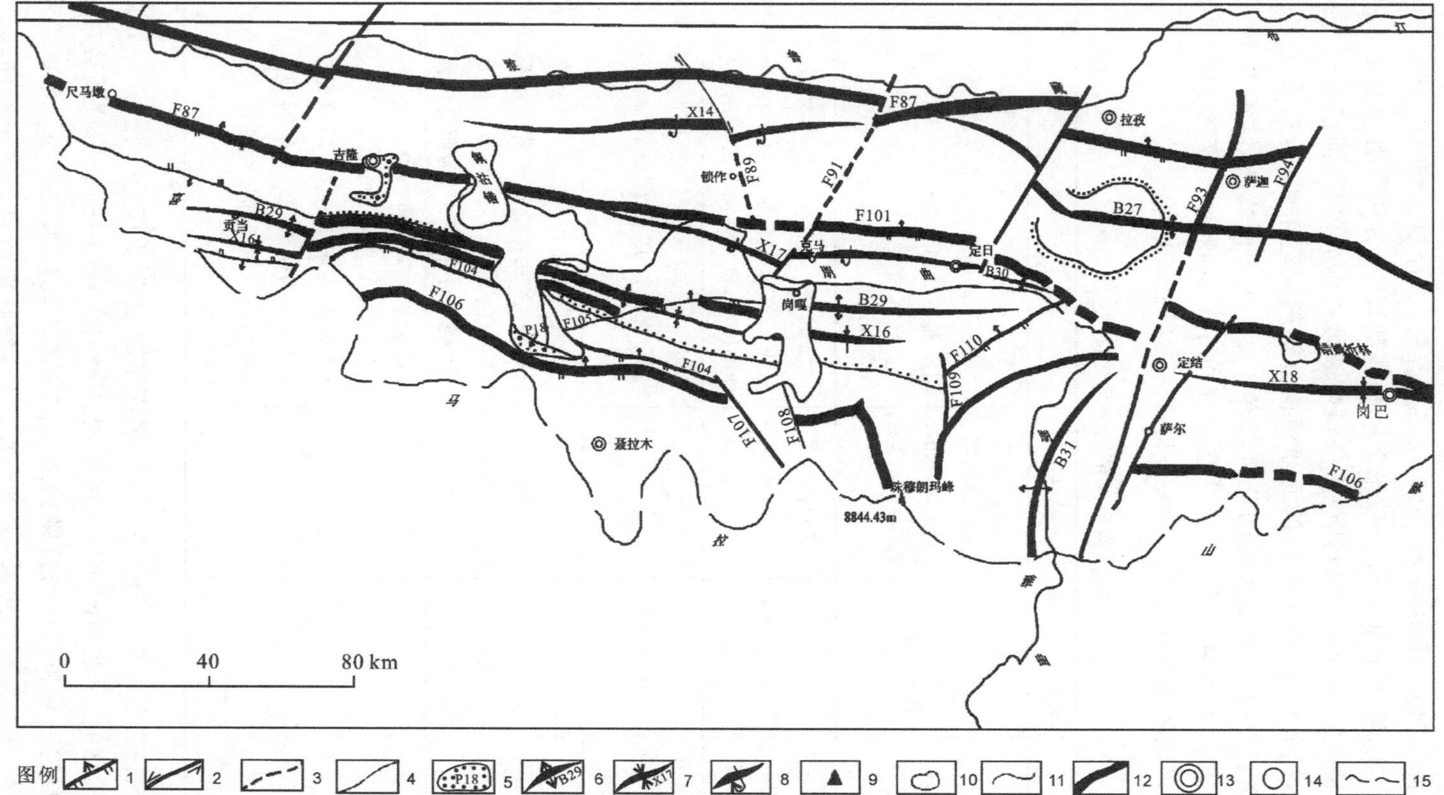

图 3-2 研究区构造纲要图

1—逆断层；2—平移断层；3—推测断层；4—不整合界线；5—上新世盆地及编号；6—背斜及编号；7—向斜及编号；8—倒转向斜；9—山峰；10—湖泊；11—河流；12—断裂带；13—县政府；14—乡政府；15—研究区界线

状延展,断面倾向北,倾角为40°~60°,属逆断层。它控制北侧三叠纪以来沉积岩相的变化,沿线常有1 m至数米宽的构造破碎带,旁侧伴有直交的引张断裂,有地震及温泉分布。尺马墩-多庆错断裂带是划分定日-岗巴亚带与拉轨岗日亚带的分界,走向由西段的北西西向逐渐转为近东西向,东端向北东东偏转连接于中国、不丹边界处的花岗岩岩体上。主断面北倾,倾角为30°~50°,明显地控制了两侧地区中—新生界海相沉积的岩相变化,断裂带附近温泉较多(岗巴地区),属深逆(掩)断裂。构造形迹如表3-1所示。

表3-1　**拉轨岗日亚带构造形迹简表**

类型	编号	命名或展布地	规模	主要特征
褶皱	B27	普勒日-涅如复式背斜	东西向波状延伸290 km,宽30~70 km	整体为近东西向复式背斜,岩层倾角中缓。一系列花岗岩岩株沿轴线分布,同位素年龄值为484 Ma和6.84 Ma。复式背斜向东、西两头作倾伏状。断层切割厉害
	X14	锁作复式向斜	东西向延伸120km,宽20~25km	北翼南倾∠50°~60°,南翼北倾∠50°。次级小褶皱发育,向西端扬起作圈闭状,被北西向断层切割错移
断裂	F89—F90	锁作断层组	延伸大于35km	走向为326°~352°,断面倾向北东,与东西向断层交会处有温泉,东盘南移
	F91—F94	麦拉-涅如断层组	延伸15~150km	走向以北北东向为主,数条断层平行排列,多发育于短轴背斜的鞍部或近转折端部位,在与北西向断层交会处有温泉分布。多数为西盘南移
盆地	P17	沃马盆地	约70 km^2	南西向展布,两端分布东西伸展。岩层以极平缓角度(小于10°)北倾。产上新世三趾马化石。不整合于侏罗系之上。为受南北向张性断裂控制及两端略迁就东西向压性断裂等形成的陆相盆地

(2)定日-岗巴亚带。介于尺马墩-多庆错断裂带(F101)与托丹-尼拉断裂带(F106)之间,呈北西西向带状展布,宽50~60 km。托丹-尼拉断裂带是北喜马拉雅构造带和高喜马拉雅构造带之分界。北侧为震旦系—寒武系和部分古生界,南侧为前寒武系,呈近东西走向,波状曲折延伸。主断面北倾,

倾角变化大(10°～65°)。继断裂带后又经历了多次的承袭活动——特别是喜马拉雅运动，造成岩体普遍的糜棱岩化和矿物重结晶，沿断裂带有时还可见推挤派生出来的引张现象。构造形迹如表 3-2 所示。

表 3-2　**定日-岗巴亚带构造形迹简表**

类型	编号	命名或展布地	规模	主要特征
褶皱	B29	贡当-措果复式背斜	280°延伸 285 km，宽 10～15 km	轴线呈波状起伏，形态基本对称，岩层倾角为 50°～55°。贡当往西极其平缓宽阔，且作倾伏状。1974 年 5.5 级地震位置处于佩沽错南约 8 km 背斜轴部
	X16	桑卓-亚汝雄拉复式向斜	280°延伸大于 200 km，宽数米至 20 km	轴线呈波状起伏，形态正常，次级褶皱发育，岩层倾角中等，被各向断层切割破坏
	X17	克马-定日复式向斜	285°延伸 150 km，宽数米至 20 km	向南倒转，轴面以缓角北倾，次级倒转褶皱发育，伴有逆掩断层
	X18	定结-岗巴复式向斜	285°延伸 170 km，宽 30～40 km	轴部波状起伏，北翼因断层切截显窄，南翼宽阔，展布中—古生界等一套完整的单斜地层，产状北倾，倾角中等。总观形态正常，比较宽缓，在走向上与 F17 同属一个向斜带
断裂	F102	康马-邦来断层	延伸大于 330 km	走向 280°，断面西部南倾，东部北倾，倾角约 50°，为逆断层
	F104	胜达-帕卓南断层	延伸大于 170 km	走向 280°，断面北倾∠60°～65°，两盘地层产状相顶
	F105	亚汝雄拉西断层	延伸 60 km	走向为北东东-南西西，略向北北西作缓突的弧形，为断面北倾的逆断层，局部有喜马拉雅期花岗岩侵入
盆地	P18	希夏邦马北麓盆地	约 60 km^2	岩层东西向展布，以中—陡角度北倾，产上新世植物化石，被现代冰川掩盖

2. 高喜马拉雅构造带

高喜马拉雅构造带介于喜马拉雅山主中央断裂(MCT)与托丹-尼拉断裂带(F106)之间。该带为印度大陆北部边缘海的基底岩系。其南通过主中央逆冲断层推覆于低喜马拉雅构造带之上,其北通过北向逆冲断层被北喜马拉雅沉积带所推覆。该带断裂以逆掩构造为特征,珠峰峰顶的奥陶纪灰岩就是一条逆掩推覆断裂由北向南推覆。该带北东向断裂也很发育,多与北邻构造带内的北东向断裂连通而造成规模很大的扭性断裂带,如珠峰地区的 F93、F107—F109、F111 断裂带(表 3-3)。

表 3-3　　高喜马拉雅构造带构造形迹简表

类型	编号	命名或展布地区	规模	主要特征
褶皱	B31	陈塘复式背斜	近南北向弧形延伸 70 km,宽 50 km	形态正常,倾角为 30°左右,南延入尼泊尔
断裂	F107—F109	错朗马—珠峰北	延伸 20～35 km	走向北北西,数条断层近平行排列成组,东盘南移
	F111	尼拉-金龙断层	延伸 70 km	走向北北东,东盘南移

3.2 地层系统

3.2.1 地层

地层区划分主要依据三个要素:地层发育情况,包括基底变质岩地层和沉积岩盖层的发育状况;沉积建造组合类型;地层中所含生物群面貌、生物区系。按构造-地层区划,西藏地层共划分为 4 个区和 11 个分区(表 3-4)。珠峰自然保护区位于喜马拉雅地层区(Ⅰ)的特提斯喜马拉雅南部分区($Ⅰ_1$),分布于拉轨岗日藏南低分水岭以南,地层走向与山系走向近于平行,呈西东向,具有较好的纬向条带性。特提斯喜马拉雅南部分区($Ⅰ_1$)是整个喜马拉雅地层区的主要组成部分,由老到新,自南向北,从前寒武系至古近系的海相地层基本上连续(图 3-3、表 3-5)。

晚古生代地层主要出露在龙江断层，协格尔-蛤村断层的两侧和热布-曲布断层以南，分布零散，总的构造走向为北西西-南东东(中国珠穆朗玛峰登山队科学考察队，1962)。中、新生代地层则集中在前述两个南北向断层之间，构造走向为正东西，形成一系列的褶曲。不同时代地层在构造方向或形态上都不同，表现为下构造层(由上古生界组成)、中构造层、上构造层和断裂系统。整个盖层内的断层异常发育，主要有两组：走向东西和南北，两组互相直交呈格子状。盖层内的岩浆活动以燕山期花岗岩呈小型岩株状侵入为特征。盖层的分布及构造轮廓具有两个显著的特点：对太古界结晶基础构造方案稳定的继承性，长期活动的两组断层对盖层分布的明显制约性。藏南低分水岭以南的特提斯喜马拉雅南部和高喜马拉雅北部之间的地区，是一套冒地槽型沉积带，含化石十分丰富，在我国甚至亚洲的地层和地质研究领域的地位十分重要，为世界罕见。

表 3-4 **西藏地层分区简表**

区	分区
喜马拉雅区(Ⅰ)	特提斯喜马拉雅南部分区($Ⅰ_1$)
	特提斯喜马拉雅北部分区($Ⅰ_2$)
冈底斯-念青唐古拉区(Ⅱ)	狮泉河-申扎分区($Ⅱ_1$)
	拉萨-波密分区($Ⅱ_2$)
	比如分区($Ⅱ_3$)
唐古拉-横断山区(Ⅲ)	木嘎岗日分区($Ⅲ_1$)
	喀拉昆仑分区($Ⅲ_2$)
	唐古拉分区($Ⅲ_3$)
	昌都分区($Ⅲ_4$)
可可西里-昆仑区(Ⅳ)	可可西里分区($Ⅳ_1$)
	昆仑分区($Ⅳ_2$)

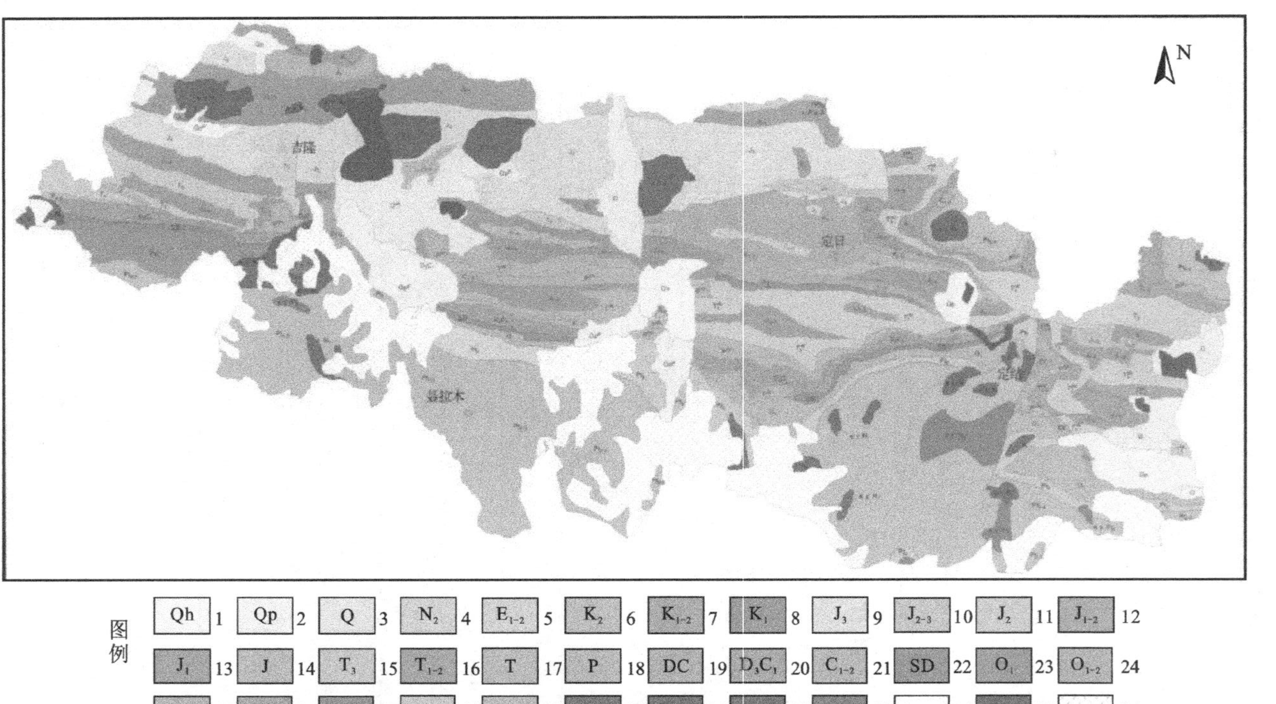

图 3-3　珠峰自然保护区地层图

1—全新世砂砾、粉砂；2—更新世黏土、砂砾；3—第四系砂砾；4—上新世泥岩、火山岩；5—古新世—始新世灰岩、泥岩；6—晚白垩世灰岩、火山岩；7—早—晚白垩世页岩、泥灰岩；8—早白垩世灰岩、火山岩；9—晚侏罗世海相灰岩、碎屑岩；10—中—晚侏罗世灰岩、碎屑岩；11—中侏罗世灰岩、碎屑岩；12—早—中侏罗世海相灰岩、碎屑岩；13—早侏罗世中基性火山岩；14—侏罗纪砂岩、灰岩；15—晚三叠世灰岩、火山岩；16—早—中三叠世粉砂岩、页岩；17—三叠纪页岩；18—二叠纪含冰水相砾岩；19—泥盆纪—石炭纪碳酸盐岩夹碎屑岩；20—晚泥盆世—早石炭世灰岩；21—早—中石炭世灰岩夹碎屑岩；22—志留纪—泥盆纪灰岩、中基性火山岩；23—早奥陶世板岩；24—早—中奥陶世泥岩、灰岩、白云岩；25—奥陶纪灰岩、白云岩；26—中—晚奥陶世砂岩夹灰岩、泥灰岩；27—早古生代碎屑岩、火山岩；28—新元古代片岩、千枚岩；29—中—新元古代片岩、片麻岩；30—中生代基性岩类（白垩纪）；31—新近系；32—古近系；33—元古宇；34—断层；35—湖泊；36—冰雪覆盖

表 3-5　　　　研究区岩石地层序列

研究区			吉隆峡谷		波曲峡谷	
地层时代 \ 地层区划			高喜马拉雅分区	北喜马拉雅分区	高喜马拉雅分区	北喜马拉雅分区
新生代	第四纪		全新世沉积物、早—晚更新世沉积物	全新世沉积物、早—晚更新世沉积物	全新世沉积物、早—晚更新世沉积物	全新世沉积物、早—晚更新世沉积物
	新近纪	上新世		沃马组		沃马组
		中新世		沃马组		
	古近纪	渐新世				
		始新世				
		古新世				
中生代	白垩纪	晚白垩世				
		早白垩世				
	侏罗纪	晚侏罗世		门卡墩组		门卡墩组
		中侏罗世		拉弄拉组		拉弄拉组
				聂聂雄拉组		聂聂雄拉组
		早侏罗世		普普嘎组		普普嘎组

续表

研究区			吉隆峡谷		波曲峡谷		
地层时代 \ 地层区划			高喜马拉雅分区	北喜马拉雅分区	高喜马拉雅分区	北喜马拉雅分区	
中生代	三叠纪	晚三叠世		德日荣组 曲龙共巴组		德日荣组 曲龙共巴组	
中生代	三叠纪	中三叠世		土隆组 达沙隆组		土隆组	
中生代	三叠纪	早三叠世		土隆组 唐沙热组		土隆组	
晚古生代	二叠纪	晚二叠世		色龙群		色龙群	曲布日嘎组
晚古生代	二叠纪	中二叠世		色龙群		色龙群	曲布组
晚古生代	二叠纪	早二叠世		基龙组		基龙组	
晚古生代	石炭纪	晚石炭世				纳兴组	
晚古生代	石炭纪	早石炭世		纳兴组 亚里组		纳兴组 亚里组	
晚古生代	泥盆纪	晚泥盆世		波曲组		波曲组	
晚古生代	泥盆纪	中泥盆世		波曲组		波曲组	
晚古生代	泥盆纪	早泥盆世		凉泉组		凉泉组	

续表

研究区			吉隆峡谷		波曲峡谷	
地层时代＼地层区划			高喜马拉雅分区	北喜马拉雅分区	高喜马拉雅分区	北喜马拉雅分区
早古生代	志留纪	顶志留世		普鲁组		普鲁组
		上志留世				
		中志留世				
		早志留世		石器坡组		石器坡组
	奥陶纪	晚奥陶世		沟陇日组		红山头组
		中奥陶世		甲村组		甲村群
		早奥陶世		绒沙组		
	寒武纪			肉切村组		
新元古代	前寒武纪		聂拉木岩群：江东岩组		肉切村岩群	
			聂拉木岩群：曲乡岩组		拉木岩群：江东岩组	
					拉木岩群：曲乡岩组	

注：~~~~角度不整合；——整合；-----平行不整合；═══断层接触。

1. 前寒武纪地层

按王义刚等(1984)对喜马拉雅地区经向地理区域的定义(表3-6),喜马拉雅地区前寒武纪地层是指分布于高喜马拉雅大部和低喜马拉雅北部的一套厚达20000 m以上的连续沉积的前震旦纪(AnZ)和前奥陶纪(AnO)古老变质岩系,在我国境内是沿西藏南部与尼泊尔、印度、不丹国界线北侧展布的结晶岩带。它西起吉隆,向东经聂拉木、珠穆朗玛峰、定日县的卡达,至亚东一带,东西绵延约350 km,南北宽30～50 km。应思淮(1973)曾将这套变质岩系划分出6个矿物结晶带,反映了当时快速沉积的环境,自下而上为:蓝晶石带—十字石带—铁铝榴石带—云母带—白云母带—绿泥石带。这套变质岩系构成了喜马拉雅地区的结晶基底,国内外广泛采用"聂拉木群"的称呼。标准剖面位于聂拉木地区友谊桥经樟木、聂拉木县城至肉切村西北沟约50 km长的区域。

表3-6　**喜马拉雅地区经向地理区域称呼简表**

<table>
<tr><th>来源</th><th colspan="3">N←</th><th colspan="2">→S</th></tr>
<tr><td>Gansser
(1964)</td><td colspan="2">特提斯
喜马拉雅</td><td>高喜马拉雅</td><td>低喜马拉雅</td><td>亚喜马拉雅</td></tr>
<tr><td>叶洪等(1981)</td><td colspan="2">北喜马拉雅</td><td>大喜马拉雅</td><td>小喜马拉雅</td><td>西瓦里克山</td></tr>
<tr><td rowspan="2">本书</td><td>北部</td><td>南部</td><td rowspan="2">高喜马拉雅</td><td rowspan="2">低喜马拉雅</td><td rowspan="2">亚喜马拉雅</td></tr>
<tr><td colspan="2">特提斯喜马拉雅</td></tr>
</table>

2. 古生代地层

特提斯喜马拉雅南部分区自寒武系至古近系基本是海相岩层,我国境内自奥陶系开始。

(1)奥陶系。奥陶系在特提斯喜马拉雅南部分布比较广泛,主要为一套碳酸盐岩沉积,上统称红山头组,为碳酸盐岩及碎屑岩沉积,下统称甲村群,主要见于聂拉木县甲村一带,剖面出露较好,定日县南加布拉、珠峰、定结县萨尔和亚东县多塔等地也有出露。与上覆志留系、下伏震旦系—寒武系连续沉积。在我国境内具有一定的代表性和控制意义。

(2)志留系。志留系沉积下部大体以碎屑岩为主,多为页岩,上部为碳酸盐沉积,虽然出露颇广,但比较零星,相对较奥陶系稳定一些,厚度较薄,岩相变化少。呈近东西向条带状展布,中下统化石丰富。中国科学院西藏科学考察队(1966—1968)将该区的志留系命名为石器坡群,并进一步划分为上组、下组,分别代表中、下志留统。定日帕卓一带的志留系与泥盆系为连续沉积。

(3)泥盆系。泥盆系分布较广,往往由一套特征的石英岩层构成主体,如

“Muth 石英岩”“North face 石英岩”“波曲石英岩”，为一套以碎屑岩为主的浅海沉积，上、中、下统均有发育。主要见于聂拉木县甲村—亚里、定日县帕卓、定结县萨尔北的共巴强附近。珠峰地区、定结县萨尔一带直到不丹境内，下泥盆统称凉泉组，以细碎屑岩和碳酸盐沉积为主，常含有一些浮游生物组合，大致反映了距海岸较远的外浅海环境下的沉积；中、上泥盆统称波曲群，主要是以粗碎屑岩为主的滨海相沉积，偶有含化石的透镜体；但在上泥盆统上部往往过渡到一个含有腕足、苔藓、双壳等底栖生物组合为主的浅海环境下的细碎屑岩和碳酸盐沉积。

(4)石炭系。在特提斯喜马拉雅南部带分布较广，上泥盆统上部与下石炭统底部往往呈连续沉积；受海西运动影响，缺失部分中石炭统；上石炭统至下二叠统的冈瓦纳(Gondwana)相沉积也有出露。聂拉木地区分布在亚里-纳兴剖面(仅出露下石炭统)称为亚里组、纳兴组，分上、下两段，上段产菊石化石，时代为早石炭世；下段产双壳类化石，时代为泥盆纪。在我国，聂拉木县亚里剖面亚里组是阐明石炭系与泥盆系界线的一个既有意义，又具有代表性的地层。希夏邦马峰北坡聂拉木色龙西的港门穹山出露的石炭系剖面，是港门穹群标准剖面，由暗灰色、暗绿灰色板岩、页岩和浅黄色、白色中层石英砂岩互层，夹有含砾砂岩、灰白色黏土岩及黄绿色粉砂岩。

(5)二叠系。二叠系在定日县、聂拉木县一带发育较好，向西至阿里地区以及向东至定结县一带也有分布。1966—1968 年珠峰科学考察队为二叠系命名为色龙群，近年来被进一步划分为曲布日嘎组和曲布组。曲布组在下，见于定日县曲布、曲宗，定结县萨尔库间和吉隆县贡当等地；曲布日嘎组在上，见于定日县曲布、苏热山、谷木沟，聂拉木县纳兴、色龙西山和吉隆县贡当—扎木扎等地。

3. 中生代地层

(1)三叠系。特提斯喜马拉雅南部分区是我国海相三叠系发育最好的地区之一，西至阿里地区札达县，经吉隆县公达以西的贡当、高达尔，向东经聂拉木县色龙、土隆，定日县南龙江、曲布、帕卓(扎西宗)，定结县萨尔以北祖龙，越过印度锡金邦北部，进入亚东县以北的多塔、阿康、堆纳以南，然后延入不丹西北部的林西地区。其中，以聂拉木县和定日县一带出露极佳。下三叠统以康沙热组为代表，标准地点位于聂拉木县土隆附近，分上、下两段，下段为灰色、浅紫色页岩和灰色中层状生物碎屑灰岩，底部和下部见有白云岩和白云质灰岩，厚 63 m；上段为紫红色、灰色中厚层石灰岩，厚 40 m。中三叠统以赖布希组为代表，以土隆村之南的赖布希公路桥命名，一般较下三叠统厚，岩性较稳定，也分上、下两段，下段为灰黄绿色页岩和黄色砂质及含凝灰质石灰岩互层，夹含凝灰质粉砂岩，下部为具砂质条带的灰色石灰岩，厚 126 m；上段由深灰色中层石灰岩、泥质石灰岩、灰色泥质页岩组成，厚 133 m。扎木热组仅见于聂拉木、定日和普兰一带，均以碳酸盐岩为主，厚度较小，岩性也较稳定。达沙隆组主要为石灰岩、中层状生物碎屑灰岩、砂质灰岩与钙质粉砂岩、砂质页岩互层，厚 179 m。曲龙共巴组包括三个菊石带，德日荣组整合于曲龙共巴组之上，向上连续过渡到下侏罗统，该组下部产诺利期的双壳类化石。

本区三叠系化石丰富，包括有孔虫、珊瑚、苔藓虫、水螅类、腕足类、腹足类、双壳类、鹦鹉螺、菊石、箭石、牙形刺以及鱼龙等十几个门类，其中尤以菊石、双壳类、腹足类、腕足类和牙形刺等门类的化石较多。各门类生物化石与欧洲、中亚以及我国西南一带有密切联系，基本上反映出特提斯动物区的面貌。

(2)侏罗系。海相侏罗系广泛分布于自喜马拉雅西段向东至雅鲁藏布江大拐弯的整个喜马拉雅山系北部，地层齐全，尤以特提斯喜马拉雅南部分区内的珠穆朗玛峰地区为最。下侏罗统为普普嘎组，厚 421 m，以灰色、黄绿色砂岩、页岩为主，夹有多层石灰岩和砂质石灰岩，在聂拉木和吉隆强拉等地与上三叠统德日荣组呈连续沉积，产有丰富的菊石、有孔虫、双壳类。中侏罗统为聂聂雄拉组，厚 1639 m，以灰色、灰黑色石灰岩为主，下部与砂岩、页岩互层，中部为砂岩，上部夹泥灰岩，富含菊石、双壳类及少量腕足类、腹足类及珊瑚。上侏罗统为门卡墩组，下部以砂质页岩、含结核页岩为主，夹有砂岩层，上部为深灰色石灰岩，本组在喜马拉雅地区有较广泛的分布，在阿里地区的札达县，日喀则地区的仲巴县、吉隆县、定日县、岗巴县已发现十几个产地，在札达县波林村、吉隆县强拉、仲巴县拉赛拉、岗巴县察切拉等地与白垩系呈连续沉积。门卡墩组除含有丰富的菊石群外，还有箭石、腕足类、双壳类等，时代也均为晚侏罗世。

(3)白垩系。特提斯喜马拉雅南部分区的白垩系呈狭长带状、北西西-南东东向分布，断续出露于喜马拉雅主脊以北，属典型的特提斯类型沉积。岗巴—定日一带白垩系发育完备，自下而上划分为基堵拉组、宗山组和岗巴群。基堵拉组以灰白色、灰绿色、暗黄色石英砂岩为主，时夹砂质灰岩并含铁质。宗山组主要为灰色石灰岩，下、中部为砂质灰岩、泥灰岩，间夹钙质页岩，上部以石灰岩为主，含丰富的化石。岗巴群的岩性特征以页岩为主，但上部和下部均有相当数量的灰岩、泥灰岩和砂质灰岩，中部为页岩。

4.新生代地层

(1)古近系。西藏古近系可分为海相和陆相沉积两类，特提斯喜马拉雅南部分区是海相古近系的主要分布地，见于岗巴—定日和亚东县堆纳一带，自下而上被称为宗浦组、遮普惹组，与上白垩统基堵拉组为整合接触。以灰岩为主，化石丰富，宗浦组的大有孔虫化石丰富，还有双壳类、海胆、腕足类、腹足类等化石，厚度约 350 m，是西藏古近纪地层划分标志。反映的古气候特征是较温暖的环境，尽管当时西藏大部分地区已升出海面，但高度均不高，已出现的山系还不足以形成分隔气候的屏障，整个西藏基本处于热带至亚热带湿润气候条件下。

(2)新近系。自始新世青藏高原第一次造山运动后，至中新世中期以前，西藏高原平均高度接近 1000 m。中新世中期，强烈的喜马拉雅运动使原来较平坦的夷平面复杂化，断陷盆地和断块山地出现，地形起伏加剧，喜马拉雅山区接受了巨厚的上新世沉积，吉隆盆地、希夏邦马峰北坡、聂聂雄拉达涕古湖盆均为上新世期间形成。吉隆盆地沃马组含三趾马动物群化石层，时代为上新世中晚期，孢粉组合面貌所反映的古生态条件与野博康加勒群的高山栎化石层属同一层位，也同达涕古湖盆的下段暖湿的雪松-栎和雪松混交林等生境接近。希夏邦马峰北坡发育的野博康加勒群倾向北东东 30°～40°，倾角为 40°～50°，具有厚达 1000 m 的砾岩、砂岩堆积，是随着希夏邦马峰的隆起而沉积的。达涕湖盆为一套河滨相和湖相沉积，出露于聂聂雄拉中尼公路的 63 道班附近。1975 年科学考察时在这套地层采到了三趾马化石，并鉴定了孢粉样品，判断湖盆沉积时代为上新世。

3.2.2 地层岩性

珠峰自然保护区的地层岩性分布明显受到构造结构制约，极具规律性，岩浆岩和变质岩分布广泛。而岩浆岩以中酸性侵入岩为主，变质岩明显具有两期变质特征。以雅鲁藏布江为界，北边的冈底斯山区均发育中酸性岩和变质岩，雅鲁藏布江区域发育变质岩，南边的拉轨岗日和喜马拉雅山区中酸性岩和变质岩也各有发育。根据岩体(群)所处不同的构造位置，从南向北的中酸性岩和变质岩带划分如表 3-7 所示。

表 3-7 **中酸性侵入岩与变质岩带的划分**

<table>
<tr><th colspan="2">中酸性侵入岩</th><th>变质岩</th></tr>
<tr><td rowspan="2">喜马拉雅酸性岩带</td><td>北喜马拉雅酸性岩亚带</td><td>喜马拉雅变质岩带</td></tr>
<tr><td>拉轨岗日酸性岩亚带</td><td>拉轨岗日变质岩带</td></tr>
<tr><td colspan="2"></td><td>雅鲁藏布江变质岩带</td></tr>
<tr><td rowspan="2">阿陵-冈底斯中酸性岩带</td><td>冈底斯中酸性杂岩亚带</td><td rowspan="2">冈底斯变质岩带</td></tr>
<tr><td>它日错-色林错酸性岩亚带</td></tr>
</table>

1.北喜马拉雅酸性岩亚带

这一亚带分布于喜马拉雅北坡，吉隆县托丹—聂拉木县塔吉岭—定日县绒布寺—定结县一带，还包括亚东县鱼沙岗、告乌以及康马县雅拉岩体。岩体规模小，多呈岩墙、岩脉沿东西向托丹-尼拉断裂及其附近侵入前寒武纪变质岩系或古生代地层中，多呈群体出现，个别呈岩床、岩席产出。定结岩体明显地受东西及南北向断裂的交叉部位所控制。根据同位素测年来看，除绒布寺岩席同位素年龄值为235.8 Ma，侵入时期为海西期外，其他岩体同位素年龄值为10～18.4 Ma，均属喜马拉雅晚期产物。该带的岩石多以含电气石为特点，主要岩石类型有电气石二云二长花岗岩和电气石白云母二长花岗岩，部分岩体具片麻状构造和混合岩化作用。

2.拉轨岗日酸性岩亚带

该亚带分布于雅鲁藏布江蛇绿岩带以南，大致可分为东、西两段。东段岩体不在珠峰自然保护区内，自东而西出露于康马、苦马、苦堆各短轴的核部，侵入前奥陶系变质岩和混合岩中，构成拉轨岗日的主脊。各岩体大致呈波状的北西西-南东东向断续分布。西段岩体主要分布于拉轨岗日以西地区，自西而东主要出露于仲巴县的下巴拉、吉隆的马拉、定日以北等地，岩体规模较大而连续。同位素年龄值为12.7～34 Ma，属喜马拉雅期产物。

3.喜马拉雅变质岩带

该带分布于高喜马拉雅地区和北喜马拉雅地区，我国境内仅占这条变质岩带的一部分。变质地层主要为前寒武系基底结晶岩系，由各种片岩和片麻岩组成(常承法等，1975)。从亚东向西一直延伸到吉隆，大致顺着我国国界线以北的萨尔、查雅和甲村之间通过。喜马拉雅主脉主要是由这些结晶岩组成的，它既是西藏南部沉积岩地层的基底，也是喜马拉雅南带大推覆体的根部。其从南到北(亦即从下到上)划分为四个组，并且根据连续变化的标型矿物分出五个变质矿物带：蓝晶石带、十字石带、铁铝榴石带、二云母带和白云母带，从下往上变质程度递减。在珠穆朗玛峰附近上覆沉积岩系底部的部分泥质岩，在区域变质作用的影响和动力及岩浆作用的参与下，形成了一些透辉石石英片岩夹二云母石英片岩(下部)及结晶灰岩(上部)。这一段地层的厚度在不同地区变化较大，一般为几十米，局部可达数百米。结晶灰岩向上过渡为含早奥陶世中、晚期化石的灰色石灰岩。

本区岩石变质作用与其他地质经历密切相关，变质深浅受层位控制，层位越低，变质越深。研究区变质岩带由一套浅变质岩、中深变质岩的结晶片岩、片麻岩和混合岩夹数层大理岩组成(图 3-4),岩层主要为单斜产状,大多倾向北北东或北北西,其大部分岩层变形和褶曲较强烈(刘国惠,1984)。此外还常在不同地段出现规模不等的倒转褶曲和同斜褶曲,岩石也往往发生较为强烈的揉皱。如从聂拉木至樟木(图 3-5),总体构造轮廓呈一个复式背斜,而在变质岩带的东端亚东的洪岭也有一个同等规模的背斜构造(常承法等,1975)。

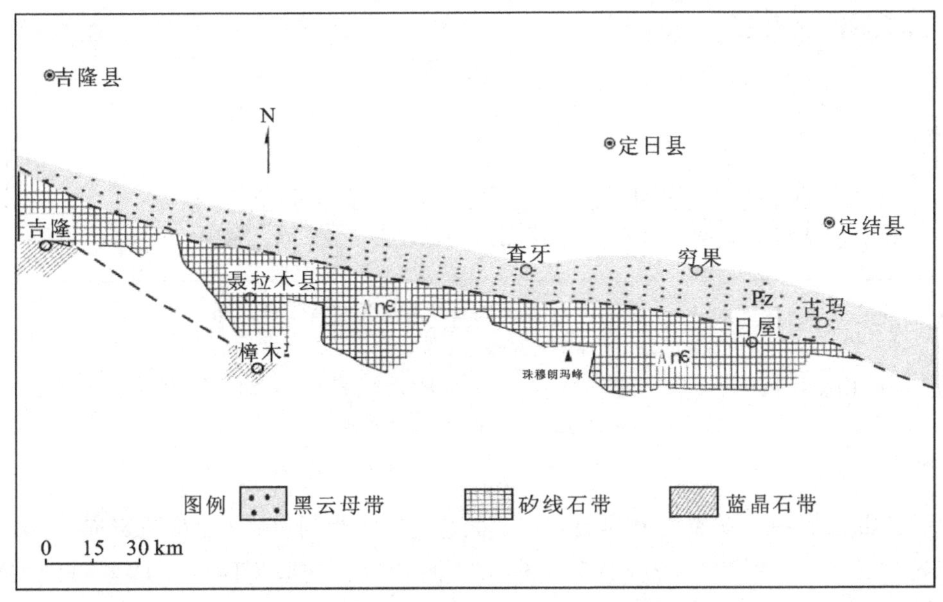

图 3-4 研究区喜马拉雅变质岩带分布图

本区南部地层含化石的奥陶纪石灰岩之下的变质岩系,根据其不同的变质作用,可分为两套变质岩系。下面的一套变质岩系(即珠穆朗玛群)以区域变质作用为主,其地质时代可能为前寒武纪;上面的一套变质岩系(肉切村组)广泛遭受顺层的动力变质影响,与下伏珠穆朗玛群呈断层接触,与上覆的甲村群下组(早奥陶世中、晚期)呈连续过渡,时代主要为早奥陶世早期(王义刚等,1975)。

变质岩带的一些地段遭受混合岩化作用,产生多种混合岩,同时出现大小不同的岩席状浅色电气石花岗岩。从整体变质岩带来看,岩层的混合岩化程度和花岗岩的规模有着一定的规律性,均表现为北强南弱、西窄东宽,由西至东混合岩化程度加深,花岗岩规模变大。混合岩区内,各岩石类型在水平和垂直方向上的分布均表现出一定的独特性。自中心的混合岩向外是砾状及网枝状混合岩,再外则是大面积的层状混合岩,肠状混合岩只零星分布在

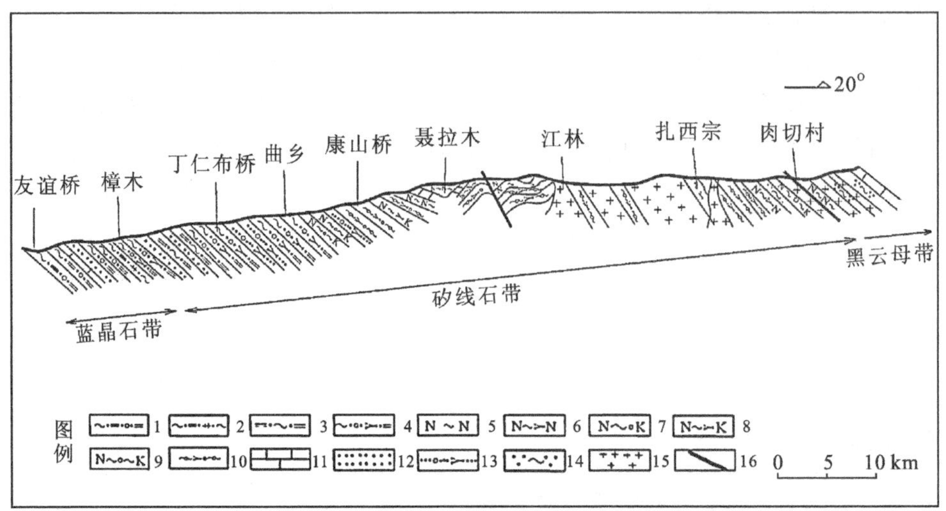

图 3-5 聂拉木县友谊桥至肉吉村变质岩带剖面图

1—蓝晶石榴云母石英片岩;2—蓝晶十字石黑云石英片岩;3—云母石英片岩;4—矽线石榴云母石英片岩;5—黑云斜长片麻岩;6—矽线黑云斜长片麻岩;7—矽线黑云二长片麻岩;8—石榴黑云二长片麻岩;9—石榴黑云二长条带状混合岩;10—矽线石榴眼球状混合岩;11—大理岩;12—石英岩;13—矽线石榴石英岩;14—黑云变粒岩;15—浅色花岗岩;16—断层

层状混合岩中。在垂直方向上,分布特点亦与此相同,由混合花岗岩向上,首先为砾状、网枝状混合岩,最上则是层状混合岩。这些不同类型的岩石间彼此过渡。层状混合岩再向上、向外没有网枝状混合岩,而直接为没有脉体的大理岩及片麻岩。所以,网枝状、砾状混合岩并不比层状混合岩的混合岩化程度浅(珠峰科学考察队,1962)。

4. 拉轨岗日变质岩带

该变质岩带位于尺马墩-多庆错断裂与雄如-勇拉断裂之间,两条断裂为拉轨岗日变质岩带的南北界,呈西窄东宽的近东西向展布。区内为几个短轴背斜所组成的复式背斜构造,短轴背斜核部,可能由前石炭系(可能包括结晶基底岩系)组成,往往有花岗岩体侵入。上覆为石炭纪—二叠纪、三叠纪的浅变质岩系,其间也有可能缺失奥陶系—志留系和大部分泥盆系,为不整合接触关系。

3.3 第四纪地质与古气候

晚二叠世特提斯海侵的范围不断向南退缩,到始新世晚期海水全部退出，西藏地区全部成为陆地，但它成为地球的“屋脊”只是第四纪以来的新构造运动事件，是喜马拉雅运动的结果。自新近纪上新世末以来，喜马拉雅地区就是强烈隆升的核心区域，在地层、古气候和新构造运动方面都具有典型的研究意义，是探讨青藏高原隆升及其对环境变化影响的中心问题。

1. 第四纪地层

珠峰自然保护区的第四纪地层是进一步讨论喜马拉雅地区第四纪冰期、古气候和新构造运动的基础。各类第四纪沉积物分布广泛，从较大尺度来看，包括保护区在内的藏南地区（冈底斯山-念青唐古拉山与喜马拉雅山之间的西藏南部地区）是第四纪地层的典型分布区域（表 3-8）。本区东西长而南北窄，是南亚主要河流发源地区。高山深谷、宽谷盆地和低山丘陵等各种地貌类型都有分布，地势起伏大，地形复杂。第四纪沉积不仅类型复杂，且自上新世以来的各统地层均有出露。吉隆-沃马盆地、聂拉木达涕盆地、朋曲流域、佩沽错等是研究保护区第四纪沉积物的典型地段。

(1)上新统。刘东生等(1964)首次在希夏邦马峰北坡发现含高山栎等化石的上新统野博康加勒层，黄万波等（1980）和珠峰科学考察队（1975—1976）先后在吉隆、聂拉木达涕等地发现了有断代意义的三趾马动物群化石，从而进一步确认了青藏高原上新统的存在。上新统主要为一套湖相、河湖相夹河流相沉积，在喜马拉雅山北坡自东向西分布于曲松县邛多江盆地、帕里盆地、聂拉木达涕盆地、希夏邦马峰北坡、吉隆-沃马盆地、普兰马甲藏布河谷、札达盆地、门士—噶尔一带，出露厚度一般大于 200 m。根据岩性和化石的不同，上新统可划分为三级。下段普遍以粗碎屑岩的砂和砾石沉积为主，中、上段以湖相黏土岩和粉砂岩沉积为主。

(2)更新统。更新世时期青藏高原在强烈隆起的同时受到全球性气候波动的影响，经历了四次冰期和三次间冰期气候。更新统沉积相相当复杂，高原面上主要以河流相、湖相、冰水相、冰川相和冰缘相为主，高原面以下的河谷中以冲积相和洪积相以及冰水相为主，在喜马拉雅山和藏东南高山峡谷区还有泥石流和重力堆积。

(3)全新统。全新统的形成和现代地貌发育密切相关，也和气候变化紧密相连。沉积物几乎包括所有的陆相沉积类型，温暖时期冰碛不发育，而湖积、冲积等堆积物很发育，但寒冷时期冰川前进、冰碛发育，现今所见的全新世冰碛几乎都是新冰期以来的冰碛，全新统的厚度除山崩、滑坡、泥石流可达较大厚度外，一般仅 10 m 左右。

表 3-8　　**藏南地区第四纪(包括上新世)地层简表**

时代				古气候	地层简况	化石与石器		
						动植物化石	孢粉组合	石器
第四纪	全新世		晚期	新冰期	新冰期冰碛有三条终侧碛(阿扎冰川有高 100 m 的侧碛),冰水沉积(加布拉一级冰水阶地),冲积,湖积(砂、砾、泥炭、粉砂、黏土等,厚度<10m)		草本植物花粉占绝对优势,有蒿属、菊科、蓼科、莎草科等	
			中期	气候最宜期	粉砂、亚黏土夹砂砾、草炭和硅藻土等湖相沉积(见于拿日雍错、沉错),泥炭沼泽沉积,厚度<10 m		木本植物花粉比例增多,最大值达 50% 左右,有桦、松、栎	聂拉木亚来新石器
			早期	转暖期	粗砂、砾石洪冲积(见于沉错、拿日雍错)		草本植物花粉占优势,以蒿属为主,木本植物有松、云杉、桦等	
	更新世	晚更新世	晚期	绒布寺冰期	冰碛形成形态较完整的冰碛丘垄(见于喜马拉雅山),粉砂、细砂夹细砾的河湖沉积,砂砾石冲积,纹泥冰水沉积(见于西宁藏布、吉隆)			
			中期	末次间冰期	暗棕色或褐色的埋藏古土壤(见于顶嘎错嘎、协格尔)			
			早期	基龙寺冰期	基龙寺冰碛形成高冰碛垄和冰碛丘陵(见于加布拉、亚堆扎拉、拿日雍错西侧)、冰水砾石层(见于吉隆)、河湖相沉积(见于朋曲桥)	牛科、鹿科、野驴(见于朋曲桥北)		
		中更新世	晚期	大间冰期	砂和亚黏土组成的湖相沉积(见于加布拉)	曲枝柏、西藏云杉、胡枝子、杨等植物化石(见于加布拉)	以云杉为主,少量栎、松、冷杉、桦、鹅耳枥等(见于加布拉)	
			早期	聂拉木冰期	聂拉木冰碛形成高冰碛平台和丘陵(见于喜马拉雅山、念青唐古拉山)、冰水砾石(见于亚汝雄拉、洛洛曲河口)			

续表

<table>
<tr><th colspan="4" rowspan="2">时代</th><th rowspan="2">古气候</th><th colspan="2" rowspan="2">地层简况</th><th colspan="3">化石与石器</th></tr>
<tr><th>动植物化石</th><th>孢粉组合</th><th>石器</th></tr>
<tr><td rowspan="2">第四纪</td><td rowspan="2">更新世</td><td rowspan="2">早更新世</td><td>晚期</td><td>第一间冰期</td><td colspan="2">红土与钙角砾互层红色残坡积层(见于阿干土,列麦、查邬普曲、日喀则,厚数米)</td><td></td><td></td><td></td></tr>
<tr><td>早期</td><td>希夏邦马冰期</td><td colspan="2">希夏邦马冰碛,贡巴砾岩;砾石夹粉砂、砂、黏土(见于贡达甫、达涕、列麦等)</td><td></td><td></td><td></td></tr>
<tr><td rowspan="3">新近纪</td><td rowspan="3">上新世</td><td colspan="2">晚期</td><td rowspan="3"></td><td>沃马组上段,泥岩、粉砂岩等</td><td rowspan="3">达涕组:上部粗砂细砾夹多层铁质砂岩,产三趾马化石;下部粉砂和黏土互层</td><td>野博康加勒层,高山栎、类似黄背栎、类似灰背栎</td><td rowspan="3">沃马组:上段,上部以云杉、松为主,下部以雪松为主的乔木花粉占优势;中段,上部以藜科、麻黄等草本灌木为主,下部以云杉等乔木花粉为主;下段蕨类、苔藓、雪松等。达涕组:上部以灌木草本为主,其中蒿占优势。下部由以雪松为主逐渐变为以栎属、松属为主</td><td></td></tr>
<tr><td colspan="2">中期</td><td>沃马组中段,黏土岩、粉砂岩、砂岩夹砾石层,夹较多铁质层,三趾马化石层</td><td>沃马三趾马动物群:吉隆三趾马、西藏大唇犀、小古长颈鹿、葛氏羚羊、吉隆短耳兔、异蹶鼠等</td><td></td></tr>
<tr><td colspan="2">早期</td><td>沃马组下段,砂砾岩、粉砂岩和泥岩,局部夹褐煤透镜体</td><td></td><td></td></tr>
</table>

2. 古气候

珠峰地区为晚新生代气候,有很多学者从不同角度进行过研究,郭旭东(1976)曾对珠峰地区的间冰期气候做过讨论,陈万勇等(1977)利用岩石学方法讨论了吉隆盆地上新世时期气候的演变,初步形成了上新世时期气候温暖、更新世以冰期为主、全新世古气候剧烈变化的特征。

上新世早期气候温暖潮湿，中期气候由湿暖变为干暖，以后又朝潮湿方向发展，晚期则由开始的温暖湿润逐渐向温凉干燥方向发展。上新世气候具有一定的纬度地带性和地域差异性，但这一时期的气候变化主要受大气环流影响，而高原上升的时间和幅度并不是引起气候变化的关键因素。

冰期、间冰期气候的频繁交替，是更新世气候变化的总特点（表 3-9），而同时期青藏高原的不断隆起又促使气候向干冷方向发展，随着隆起高度的增大而这种影响越加明显。这一因素使得冰期气候的干冷程度一次比一次增强，而间冰期气候的温暖程度一次比一次减弱，气候变化的地域差异也越来越大。

(1)绒布寺冰期：规模较小的山谷冰川，冰川长度为现代冰川的 30%～150%，冰碛物都分布在槽谷内，一般有 2～3 道形态较完整的侧碛和终碛。

(2)末次间冰期：藏南地区的褐土或棕褐土型古土壤形成于这一间冰期。藏北地区该间冰期气候不明显，绒布寺冰期的冰川作用可能为基龙寺冰期的继续。

(3)基龙寺冰期：这次冰期以山谷冰川为主，部分冰川曾伸至山麓，并在局部分水岭地带和高位盆地地区形成小型冰盖。在山谷冰川地区，冰川作用遗迹以“U”形谷及谷地两侧断续分布的侧碛、终碛和冰碛丘陵为代表，侧碛一般也有 2～3 道。在高位盆地和宽平的分水岭地带则形成了冰碛丘陵，丘陵间湖泊众多。

(4)大间冰期：念青唐古拉山南麓冰碛扇及聂拉木高冰碛台地等上部的红色风化壳和古土壤层，无论其化学成分、黏土矿物和厚度等都反映出其为本区最温暖且延续时间最长的间冰期气候的产物。藏南海拔部位较高的加布拉湖相沉积层，以产云杉化石为主，代表当时较高海拔部位的大间冰期气候。

(5)聂拉木冰期：这次冰期的冰川侵蚀地貌已受到切割破坏，其原始的地貌形态往往不太明显。在高山区仅在宽谷段有这一期的冰碛分布，常构成高冰碛台地。在山麓地带构成冰碛扇、冰碛平原或冰碛丘陵。但就分布范围来看，是西藏地区第四纪冰川遗迹分布最广的，当时为树枝状山谷冰川和山麓冰川类型，在一些分水岭地带和高位盆地地区形成了半覆盖型冰川，并有冰原石山等地形。

(6)第一间冰期：喜马拉雅山、冈底斯山-念青唐古拉山和东部横断山区在第一间冰期是一个地形的大切割时期，当时气候温暖，形成了拉孜和隆子列麦等早更新世砾岩层上部的红色风化壳层。

(7)希夏邦马冰期:根据郑本兴等(1976)的研究,该冰期的冰碛仅见于希夏邦马峰北坡,为海拔 6200 m 的两个冰碛山丘,并认为当时发育的是小型山麓冰川。

表 3-9 **更新世冰期划分与名称对比**

<table>
<tr><th>时代</th><th>本书</th><th colspan="2">郑本兴等(1976)</th></tr>
<tr><td rowspan="3">晚更新世</td><td>绒布寺冰期</td><td rowspan="3">珠穆朗玛冰期</td><td>绒布寺阶段</td></tr>
<tr><td>末次间冰期</td><td>间冰期阶段</td></tr>
<tr><td>基龙寺冰期</td><td>基龙寺阶段</td></tr>
<tr><td rowspan="2">中更新世</td><td>大间冰期</td><td colspan="2">加布拉间冰期</td></tr>
<tr><td>聂拉木冰期</td><td colspan="2">聂聂雄拉冰期</td></tr>
<tr><td rowspan="2">早更新世</td><td>第一间冰期</td><td colspan="2">帕里间冰期</td></tr>
<tr><td>希夏邦马冰期</td><td colspan="2">希夏邦马冰期</td></tr>
</table>

距今 10 ka,冰川普遍从末次冰期(绒布寺冰期)的终碛垅向后退缩,标志着青藏高原进入一个新的地质时期——全新世。全新世气候变化经历了多次波动(图 3-6):早全新世(距今 10～7.5 ka)为转暖期,气候凉而中湿;中全新世(距今 7.5～3 ka)为气候最宜期,气候温暖湿润,后期有变凉;晚全新世(距今 3 ka)为新冰期,气候寒冷干燥。西藏全新世气候变化总体趋势与竺可桢(1973)提出的 5000 年来的气候变化相吻合,但还有许多小的波动,如晚全新世有距今3 ka、距今 1.9～1.5 ka和 17—19 世纪三个较大的波动。高原强烈隆起及高原的海拔对全新世气候也有较大影响,体现在三个方面:巨大海拔高度造成的低温加强了寒冷期的低温值,延长了低温时间,降低了温暖期的温度,并使它相对缩短,如高原上晚全新世新冰期要比我国东部地区早 500 年;全新世时期高原继续上升(李吉均等,1976),促使气温下降(每上升 100 m,气温降低约0.6 ℃),与同纬度其他地区相比加大了古今气温变化的幅度;高原巨大的海拔高度和喜马拉雅山等高山的屏障作用,不但使高原内部向干旱化发展,对高原上的干湿变化起到了增强或削减作用,而且还有使高原内部全新世期间继续变干、湖泊退缩和盐湖继续发展的趋势。

本章彩图

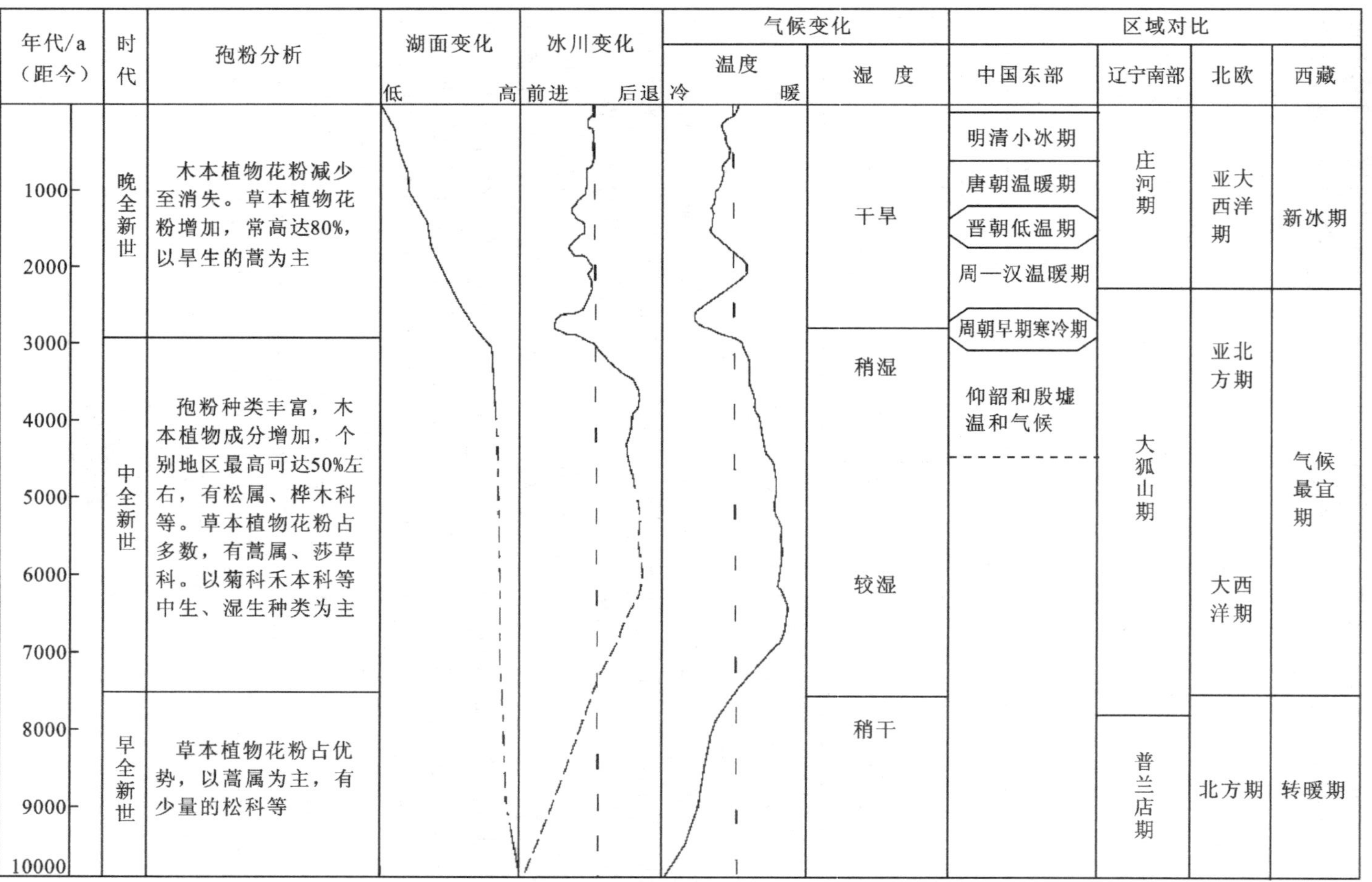

图 3-6　西藏全新世古环境和气候变化图

4　地学景观资源系统

地学景观是旅游地学研究的重要内容和基本理论问题之一,也是现代旅游产业链的核心要素。现代旅游业包括三大要素:旅游主体(游客)、旅游客体(景观资源)、旅游媒介(服务于旅游活动的中间环节)。长期实践证明,旅游地学研究对象是旅游客体和另两个要素中与地学相关的问题(陈安泽,1996)。从归属上来看,地学景观属于一类特殊的旅游资源,能为旅游业提供地质、地貌、气象等自然现象的美学价值、观赏价值。国内学者也提出了旅游地学资源(陈诗才,1988;王明伟,1992)、地质遗迹资源(方世明等,2008)、地质景观(刘莹等,2009)、地质旅游资源(冯天驷,1998;李京森等,1999)等不同名称,并对各概念、特征、分类、评价或开发进行了研究。本章进行保护区地学旅游景观资源厘定,在此基础上划分珠峰自然保护区地学景观级别,然后深入分析地学景观资源系统的主要类型和特征,并建立系统的以非物质文化遗产为主的配套人文景观体系,最后进行景观特色综合评价,为保护区地学旅游资源利用和保护奠定基础。

4.1　地学旅游景观资源厘定

1. *旅游资源*

《旅游资源分类、调查与评价》(GB/T 18972—2003)是我国旅游资源开发利用方面的重要技术标准,对旅游资源定义、分类系统做出了详细规定,指出旅游资源的定义是"自然界和人类社会凡能对旅游者产生吸引力,可以为旅游业开发利用,并可产生经济效益、社会效益和环境效益的各种事物和因素。"旅游资源系统由"主类""亚类""基本类型"3个层次构成。郭来喜等(2000)以"景域""景段""景元"三级规模体系体现旅游资源基本类型的规模与空间尺度,作为旅游资源定量评价标准。

2. *旅游地学资源*

卢云婷等编写的《旅游地学概论》(1991)将自然旅游资源等同于旅游地学资源,分为5大类(宇宙旅游资源、大气圈旅游资源、生物圈旅游资源、水圈旅游资源、岩石圈旅游资源),15种类型和66个亚类型。

3. *地质遗迹景观/地质景观*

地质遗迹景观也可称为地质景观,在国土资源部77号文件《关于申报国家地质公园的通知》与国土资源部地质环境司下发的《中国国家地质公园建设技术要求和工作指南(试行)》两份重要资料中,虽然使用了“地质遗迹景观”和“地质景观”两种表述方法,但实质是相同的,即:地质遗迹景观是指在地球演化的漫长地质历史时期由于内外动力的地质作用,形成发展并遗留下来的不可再生的地质自然遗产,分为 7 大类、39 亚类,并进一步列出 221 种单体景观。

4. 生态旅游资源

自“生态旅游”一词提出以来,国内外即开始争论“生态旅游资源”,虽然至今对这一概念的含义未有统一提法,但就生态旅游资源的共识趋同的态势明显。即认为生态旅游资源的特性应该是环境容量较大、环境质量较好的自然生态系统,旅游开发的目标在于生态效益(Qin Jianxiong et al,2012)。对生态旅游资源类型的划分标准也很多,但主要是借鉴旅游资源分类标准(周文丽,2007)。如袁书琪(2004)专门从空间分布和旅游产品开发角度探讨生态旅游资源分类,对生态旅游资源评价具有指导作用。如表 4-1 所示,旅游资源包括旅游地学资源,旅游地学资源包括地质遗迹景观(地质景观),而生态旅游资源属于旅游资源中的一种特殊类型。

表 4-1　**有关“旅游景观”概念的厘定**

序号	旅游景观名称	分类体系			
		主类	亚类	基本类型	分类法
1	旅游资源	8	31	155	《旅游资源分类、调查与评价》(GB/T 18972—2003)
2	旅游地学资源	5	15	66	卢云亭等分类体系
3	地质遗迹景观/地质景观	4	19	—	陈安泽分类体系
		7	39	58	国土资源部地质环境司《中国国家地质公园建设技术要求和工作指南(试行)》
		10	—	—	《国家地质公园(地质遗迹)调查技术要求》分类体系
		8	—	—	齐岩辛、许红根等分类体系

4.2　地学景观资源级别划分

珠峰自然保护区地域特色明显,喜马拉雅山脉作为天然景观分界带,将保护区划分为南北迥异的两个部分,北景区是藏南谷地高平原景观代表,南景区是青藏高原南斜面景观代表，横亘其间的喜马拉雅中段山脉是世界 8000 m 以上雪山最为集中的区域。对这样一个景观资源禀赋极高的区域进行地学景观系统分类，需要具有针对性的景观级别划分。根据保护区自然地带性分异特征和地质构造格局（见第 2 章、第 3 章），结合数次野外实地调查结果，将保护区地学景观体系划分为以下四个层次：地学景观体系域、地学景观体系、地学景观区、地学景点（表 4-2）。

“体系域”和“体系”是地质学范畴。“体系域”是指一系列同期沉积体系的集合体，是具有成因联系的、相的三维空间组合。“体系”即“构造体系”，由我国地质学先驱李四光先生提出，是指由具有成因联系的各项不同形态、不同性质、不同等级和不同序次的结构要素所组成的构造带以及构造带之间所夹的岩块或地块组合而成的总体。地学景观体系域的实质是成景地层的结合体；地学景观体系的实质是成景构造的力学状态，其规模有大有小，小型的限于一块手标本，大型的纵横几百千米，甚至更加宏伟。将“体系域”和“体系”引用到珠峰自然保护区地学景观分类研究中，不仅在理论上有助于阐明现代地学景观与地壳构造和地壳运动的规律，而且在景观评价、规划和开发等方面都有指导作用。

地学景观体系域和地学景观体系，实质是以区域构造原理为纲，将大空间尺度的保护区进行中尺度区域划分，是按地学标准划分的景观“空间尺度”，以达到掌握地学景观的空间分布与区域配置状况的目的。在中尺度的地学景观体系内部，确定地学景观的类型及评价时，需要结合自然旅游资源和地质景观的调查方法进行。珠峰自然保护区的同期沉积体系分带性强，各地学景观体系域内部具有明显的断裂构造痕迹，成为景观带的天然分界线，非常适宜从旅游地学的角度建立保护区地学景观系统。在大量已有资料整理基础上，结合线路实地踏勘，初步建立了 3 个Ⅰ级地学景观体系域、5 个Ⅱ级地学景观体系、17 个地学景观区和分属 6 种类型的 52 处地学景点（图 4-1、表 4-3）。

表 4-2 **珠峰自然保护区地学景观系统分类标准**

等级名称	地学景观体系域（Ⅰ级）	地学景观体系（Ⅱ级）	地学景观区（Ⅲ级）	地学景点（Ⅳ级）
含义	同期沉积体系构成的景观带	由构造要素划分的景观构造带以及景观构造带之间所夹岩块组合体	地学景观体系中具有观赏连续性的景观组合体	构成连续性景观组合体的单体景观，是地学景观系统的基础单位

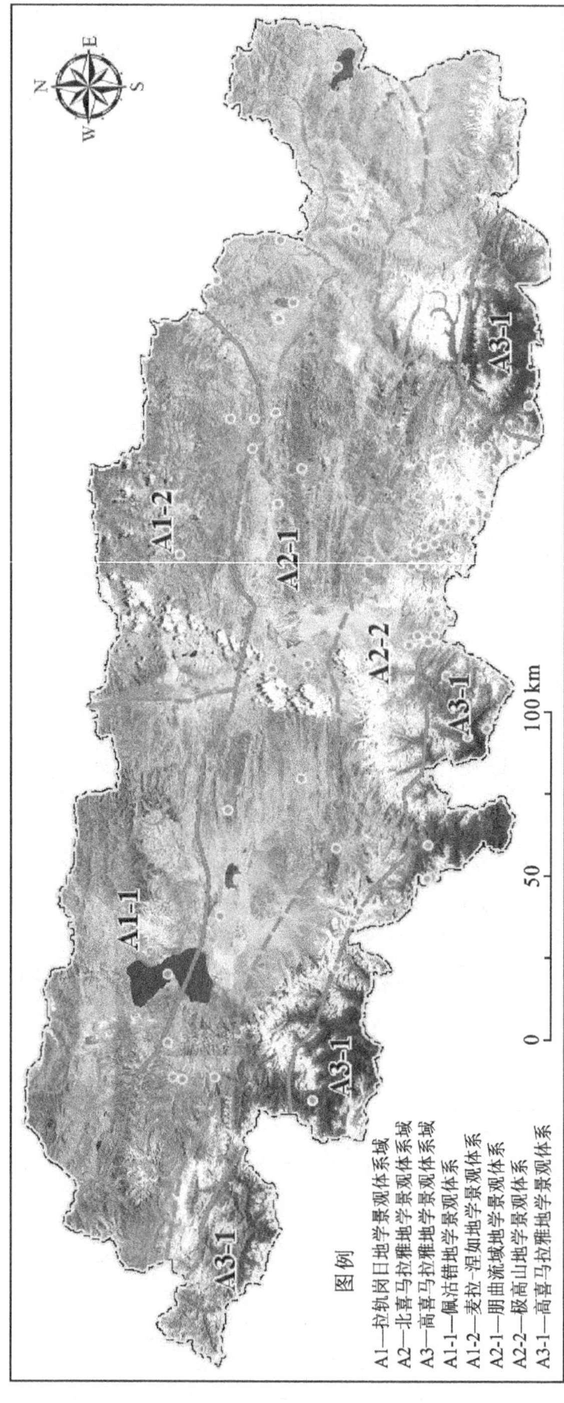

图 4-1 地学景观资源系统分布示意图

表 4-3 **珠峰自然保护区地学景观资源系统**

Ⅰ级	Ⅱ级	Ⅲ级	Ⅳ级		
			景型	景域	景点
拉轨岗日地学景观体系域(A1)	佩沽错地学景观体系(A1-1)	佩沽错景区	水体景观	湖泊景观	佩沽错咸水内流湖
				湿地景观	佩沽错沼泽草甸
			生物景观	野生动物栖息地及草原草地	佩沽错沿岸高寒草原及藏野驴及鸟类
	麦拉-涅如地学景观体系(A1-2)	加错景区	地质地貌形迹	冰川遗迹	角峰、刃脊、冰斗、古冰碛物
			生物景观	草原草地	加错拉高山草甸
		地热景区	水体景观	地热景观	茶曲热泉、鲁鲁下沸泉
北喜马拉雅地学景观体系域(A2)	朋曲流域地学景观体系(A2-1)	长所盆地	地质地貌形迹	风积地貌	长所沙丘
		古错盆地	水体景观	湖泊景观	古错湖
				湿地景观	古错沼泽草甸
		定日盆地	水体景观	湿地	岗嘎沼泽草甸
		止不日山地	地层剖面	沉积相剖面	止不日最高海相地层
		朋曲河段	水体景观	河流及地貌景观	朋曲中段曲流河、阶地、河漫滩等
		地热景区	水体景观	地热景观	春德热泉
	极高山地学景观体系(A2-2)	珠峰景区	地质地貌形迹	现代冰川	珠峰冰川、洛子峰冰川、马卡鲁峰冰川
				冰川遗迹	珠峰、洛子峰、马卡鲁峰等刃脊、角峰
		卓奥友峰景区	地质地貌形迹	现代冰川	卓奥友冰川、门隆则峰冰川
				冰川遗迹	冰塔林、冰川湖
		希夏邦马峰景区	地质地貌形迹	现代冰川	希夏邦马峰冰川
				冰川遗迹	冰塔林、达惹错冰川湖、郭骆强错与郭骆错冰川堰塞湖
		拉布康吉山	地质地貌形迹	现代冰川	冰塔林、错郎玛冰川
				冰川遗迹	错郎玛冰川堰塞湖
		吉隆盆地	古生物景观	古生物群落化石保存地	吉隆盆地上新世三趾马动物群化石
		山口景区	综合自然旅游地	山口	马拉山、通拉山、达吾拉山

续表

Ⅰ级	Ⅱ级	Ⅲ级	Ⅳ级		
			景型	景域	景点
高喜马拉雅地学景观体系域（A3）	高喜马拉雅地学景观体系（A3-1）	聂拉木山地	地层剖面	典型沉积相剖面	聂汝雄拉上新统—更新统剖面、土隆三叠系剖面、亚来-甲村奥陶系—石炭系剖面、亚来全新统泉华沉积
			水体景观	地热景观	阿当温泉
			生物景观	树木	雪布岗森林、立新乡森林
		朋曲山地	水体景观	瀑布景观	陈塘瀑布
				河流及地貌景观	朋曲下游河段
			生物景观	树木	甘玛森林
				草原草地	扎西惹嘎高山草甸
		吉隆山地	水体景观	瀑布景观	克热曲瀑布
				河流及地貌景观	吉隆藏布七级河流阶地
			生物景观	树木	吉隆森林
		绒辖山地	水体景观	瀑布景观	学扎瀑布
			生物景观	树木	绒辖森林

4.3 地学景观资源系统类型及特征

4.3.1 拉轨岗日地学景观体系域（A1）

拉轨岗日地学景观体系域，位于保护区北部，夹于雄如-勇拉断裂（F87）至尺马墩-多庆错断裂（F101）两组东西向断裂之间。体系域内的北北西向锁作断裂将本体系域一分为二：西区分布有佩沽错这一保护区最大的内流湖，东区构成保护区的东北界区。因此，以锁作断裂为地学景观体系东西分界线，明显地将本体系域划分为2个地学景观体系：佩沽错地学景观体系（A1-1）、麦拉-涅如地学景观体系（A1-2）。

1. 佩沽错地学景观体系(A1-1)

佩沽错地学景观体系地处喜马拉雅支脉岗彭庆北麓，希夏邦马峰西北55 km处，东侧以平坦的冰水平原和洪积平原与朋曲相隔。从地貌位置看，该体系位于尚未受到外流水系破坏的藏南谷地保留完好的古高原夷平面上，因此地学景观十分统一。地学景区1个，称为佩沽错景区。地学景观以水体和生物景观为代表，分别为湖泊、沼泽草甸、高寒草原和野生动物(图4-2)。

佩沽错是保护区最大的湖泊，面积约300 km^2。注入湖泊的河流主要分布于东南部，其中较大的有巴日雄曲(东部)、达曲和拉曲(南部)，源于佩沽岗日的山谷冰川。因为南部有大量冰川河水注入，湖水因而南淡北咸。出产四种高原鱼类：佩沽湖裸鲤(*Gymnocypris*)、高原裸鲤(*Gymnocypris waddellii*)、拉萨裸裂尻鱼(*Schizopygopsis*)和细尾高原鳅(*Triplophysa stenura*)。

图4-2　佩沽错地学景观体系资源分布图

1—佩沽错；2—高原裸鲤；3—海乳草；4—佩沽错沿岸高寒草原；5—斑唇马先蒿；6—西藏粉报春；7—细叶西伯利亚蓼；8—藏野驴；9—藏原羚

沼泽草甸分布在佩沽错南岸拉曲河口附近，由藏北嵩草群落组成。由于冻胀作用形成一个个塔头，河水迂回曲折从塔头丛中穿流而过，构成一种特殊的沼泽草甸景观。藏北嵩草生长茂密，总覆盖度为60%～90%，外貌呈暗绿色，塔头高15～30 cm，草丛间长有许多伴生植物，如斑唇马先蒿、碎米蕨叶马先蒿、类紫菀、云生毛茛、三尖水葫芦苗、蓝白龙胆和一些沼泽植物，如海韭菜、水麦冬等，春夏时节，百花盛开，沼泽草甸形成华丽的外貌。

佩沽错南岸至佩沽岗日之间的广阔地带，发育由紫花针茅、青藏苔草、藏沙蒿、固沙草和三角草群落组成的高寒草原。紫花针茅与藏沙蒿多分布于砾石较多的山坡及坡麓地带，分布地海拔高度为4300～4600 m，群落覆盖度在30%左右，草层高20 cm，整个草群比较低矮稀疏，种类组成单调，夏季黄绿色。青藏苔草、固沙草与三角草主要生长于距佩沽错不远的覆沙地上，其草群生长茂密高大，群落覆盖度达40%～70%。此处的高寒草原是保护区发育最好的草原，是当地居民的重要牧场。

佩沽错南岸到北部佩沽岗日与希夏邦马峰北坡坡麓一带，是保护区最重要的野生动物栖息地，这里野生动物种类多，数量大，还是观赏成功率最高的地区。这里是国家一级保护动物——藏野驴的主要栖息地，总数约在120头，时常可见藏野驴与牧民的牛、羊、马群一同采食。还可见到国家二级保护动物——藏原羚，它们常形成7～10只的小群在山麓活动。佩沽错南岸沼泽草甸是保护区野生鸟类的天堂，有赤麻鸭、棕头鸥、普通秋沙鸭、斑头雁等，此地还是国家一类保护鸟类——黑颈鹤的重要越冬地。

2. 麦拉-涅如地学景观体系(A1-2)

麦拉-涅如地学景观体系是由拉轨岗日山脉构成的连续山地景观，从构造上看，有3组北北东向麦拉-涅如断层组(F91、F92、F93)，发育于短轴背斜的鞍部或接近转折端部位，在与北西向断层交会处有温泉分布。因此具有两个有代表性的地学景区：加错景区和地热景区(图4-3)。

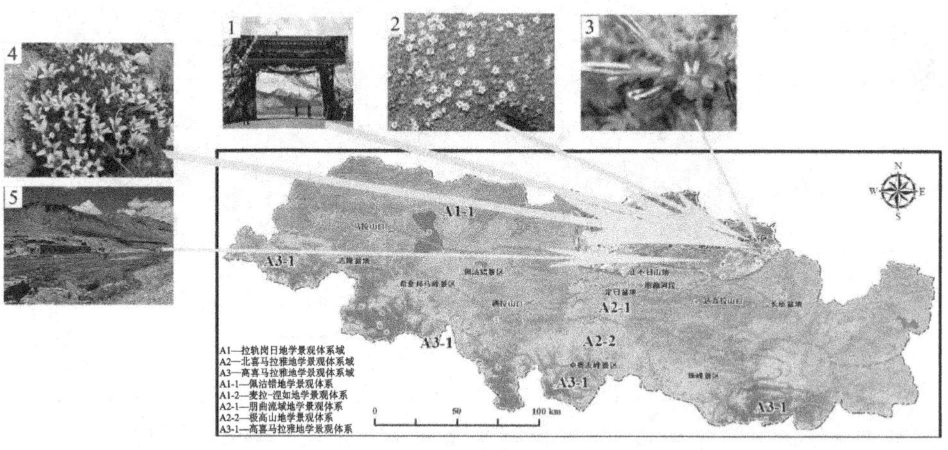

图4-3　麦拉-涅如地学景观体系资源分布图

1—加错拉山口；2—垫状点地梅；3—蓝玉簪龙胆；4—藓状蚤缀；5—鲁鲁下温泉

(1)加错景区。加错景区位于藏南分水岭拉轨岗日山脉的山脊上，该山脊是珠峰自然保护区的北部边界，也是藏南分水岭。该景区以地质地貌景观和草甸生物景观为主。加错拉山口平坦宽敞，海拔 5252 m，由高山蒿草群落形成的高山草甸覆盖着山口及其两侧的缓平山坡，高 3～5 cm，生长密集。在山口附近分布着许多坐垫植物，如垫状点地梅、囊种草、藓状蚤缀等。山口南侧布满来自拉轨岗日及周边高山的古冰碛物，山口东南侧山峰遗留第四纪冰期冰川侵蚀的痕迹：古冰斗、刃脊、角峰等清晰可见。

(2)地热景区。地热景区沿拉孜、萨迦至协格尔镇的中尼公路分布，在北北东向麦拉-涅如断层组与北东向断层交会处分布。著名的地热景点有茶曲热泉和鲁鲁下沸泉。茶曲热泉东距机脚桥 5 km，海拔 4178 m，水温 47 ℃，涌水量大，当地群众用它沐浴，建有多间简陋浴室。鲁鲁下沸泉位于协格尔东北 10 km，洛洛曲河边，海拔 4300 m，泉水温度高于当地水的沸点，泉水流量大，交通便利，建有小型温泉浴室。

4.3.2　北喜马拉雅地学景观体系域(A2)

北喜马拉雅地学景观体系域(A2)，囊括保护区中部宽广的高平原区域和连续极高山构成的喜马拉雅山脉，是保护区最显著的地貌单元。从地学构造位置看，位于尺马墩-多庆错断裂(F101)至托丹-尼拉断裂(F106)之间，以东西向和近东西向为主的康马-邦来断层(F102)，将本体系域划分为 2 个地学景观体系：朋曲流域地学景观体系(A2-1)、极高山地学景观体系(A2-2)。

1. 朋曲流域地学景观体系(A2-1)

朋曲流域地学景观体系地质界线的北界为尺马墩-多庆错断裂(F101)，南界为康马-邦来断层(F102)。本体系地学景观围绕朋曲流域展布，朋曲河自西向东近乎横贯保护区，在河流南岸也自西向东串联三个主要断陷盆地：古错盆地、定日盆地和长所盆地。河流北岸遮布惹山区出露喜马拉雅地区最高海相地层，在断层附近分布地热景观。综合来看，朋曲流域地学景观体系具有藏南谷地高平原典型特征，表现为 6 个地学景区，是藏南谷地旅游地学研究和实践的天然实验室(图 4-4)。

(1)连续断陷盆地。

4 个连续断陷盆地位于朋曲流域南岸，自东向西依次为长所盆地、定日盆地、古错盆地和以地质剖面为特色的吉隆盆地。

长所盆地的典型地貌景观为风沙地貌，主要由流动沙丘、固定沙丘和半固定沙丘 3 种类型组成。流动沙丘零星分布于西宁藏布支流西南侧，呈新月形沙丘、复合型新月形沙丘、沙丘链等，个体大小不等，新月形沙丘凹向东北方向。沙丘移动速度较快。固定与半固定沙丘几乎遍布整个盆地。沙丘基本被西藏锦鸡儿(*Carahana tibetica*)所覆盖，它们形成一个个半圆形的坐垫，

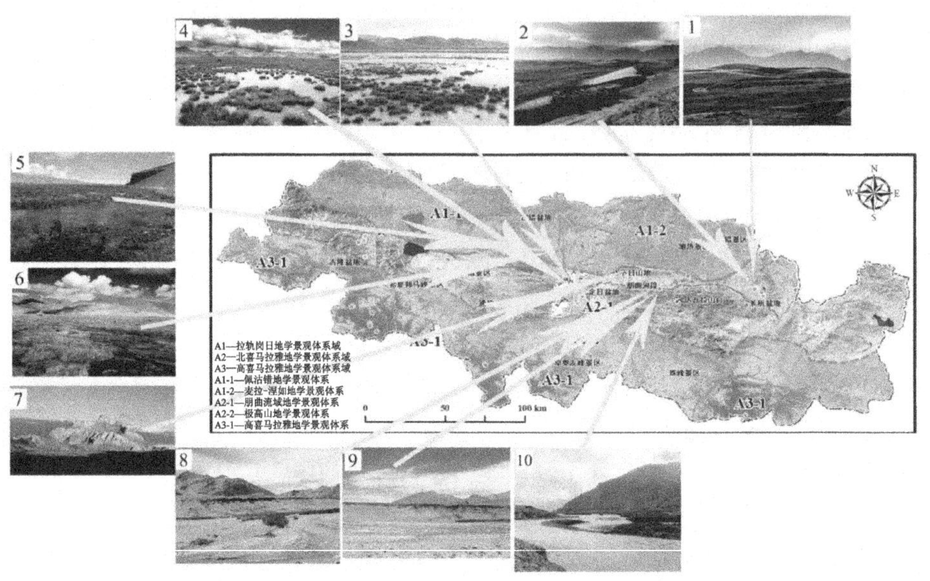

图 4-4　朋曲流域地学景观体系资源分布图

1—长所沙丘；2—长所朋曲河谷；3—湿地沙棘灌丛；4—定日湿地；5—古错湿地；
6—古错湿地；7—止不日山；8—朋曲中段河漫滩；9—朋曲中段阶地；10—朋曲中段沙棘林

与沙丘浑然一体。春季西藏锦鸡儿的垫状丛体缀满橙黄色的花朵，给整个盆地披上了新装，形成特殊的生态景观。

定日盆地和古错盆地均连续分布在岗嘎镇至聂拉木的中尼友谊公路上，海拔从平均 4340 m 上升到 4386 m。定日盆地南缘巍然耸立着海拔 8201 m 的世界第六高峰卓奥友峰以及 10 余座 7000 m 以上的喜马拉雅高峰，西南部则是海拔 7367 m 的拉布吉康雪山，使定日盆地成为观赏喜马拉雅雪山的极佳景区。定日盆地内还有规模巨大的地热景点，最为当地人和游客熟知的是位于定日县仓木达乡西 1.5 km 处的春德热泉，海拔 4400 m。泉水温度 45 ℃，涌水量大，由于靠近中尼友谊公路，交通便利，并靠近居民稠密的岗嘎镇，沐浴条件是保护区内所有温泉景点最优的，修建有较好的浴室。

古错盆地是从尼泊尔进入珠峰自然保护区后第一处可以观赏到珠峰的高地，源自希夏邦马峰博康加勒冰川的门曲和源自藏南分水岭的棒曲在此汇合成朋曲向东流入定日盆地。两个盆地南缘有无数雪山冰河融水注入，使这里形成大片平坦、水草丰茂的草原与沼泽草甸。长所盆地位于协格尔镇东南 40 km 处，盆地东侧低洼积水汇成登么错，朋曲在盆地南缘流过，形成开阔的宽谷。

吉隆盆地景区位于马拉山南麓，吉隆河上源。盆地面积大约 200 km^2，呈南北长、东西窄的带状。吉隆河由北至南贯穿整个盆地，河两岸发育有一套上新统河湖相沉积物，北起马拉山，南抵吉隆河三号沟，东自 4700 m 高地，西达强达沟，出露在海拔 410～4450 m 之间，这套沉积物被命名为卧马组的上新世河湖沉积地层，总厚度 450 余米，分上、中、下三段。上段为淡黄色泥岩并夹有紫色砂质泥岩的交互层，厚 40～80 m，在流水长期侵蚀下形成类似黄土高原的沟、梁、峁、坎等特殊的地学景观。中段由灰色砾岩、黄色砂岩和灰色砂岩组成，它们相间出现，厚 20～244 m。下段以黄色、灰色砂岩为主，含有褐黄色铁质条带或铁质结核，靠下部还出现青灰色细质泥岩。整套岩层中黄、褐、粉、黑、灰各种颜色岩层交互出现，形成非常美丽的色彩组合。在吉隆盆地南部卧马村西山的卧马组下段，发现有以吉隆三趾马（*Hipparion guizhongensis*）为主的古动物化石群，这一化石群含有西藏大唇犀（*Chilotherium xizangensis*）、狍鹿（*Metacervulus capreolinus*）、小古长颈鹿（*Palaeotragus*）、葛氏羚羊（*Gazella gaudryi*）、鬣狗（*Heterosiminthus*）、吉隆短耳兔（*Ochonatona guizhongensis*）和异蹶鼠（*Heterosiminthus* sp.）等 10 多种哺乳动物。这一动物化石群的发现说明在上新世时（距今 3000 万年）珠峰北坡地区海拔高度在 500～1000 m 之间，喜马拉雅山脉高约 3000 m，当时气候温暖湿润，呈现出森林草原的自然景观。至今，吉隆盆地已上升了 2500～3000 m。

（2）止不日山地。

止不日山位于定日县城西侧，全长 40 余千米，呈东西走向，主脊高 5300～5500 m，是一座由古近纪石灰岩组成的山地。石灰岩中含有丰富的以有孔虫为主的海洋生物化石，包括介形类、双壳类、腹足类、鹦鹉螺、海胆等。这一处最高海相地层的发现证明，珠峰地区在 3000 万年前的始新世还处在温暖的浅海环境，而现今高原平均 4000 m 以上的高度，仅仅是在这一短暂的地质历史时期发生的，具有非常重要的科学意义。

2. 极高山地学景观体系（A2-2）

本体系的地质北界为康马-邦来断层（F102），南界为托丹-尼拉断裂（F106），后期南北向断层组将上述 2 个东西向断裂割裂成错列的地块，各地块内排列着喜马拉雅中段著名的极高山峰，是保护区最吸引游客的地学景观。地学景区共 6 个。以极高山山峰群组成的 3 个地学景区：珠峰及周边山峰构成的珠峰群景区、卓奥友峰及周边山峰构成的卓奥友峰群景区、希夏邦马峰群景区。此外，本体系内的公路垭口基本位于喜马拉雅山脉南北分水岭上，共计 3 处景点：马拉山口、通拉山口、达吾拉山口（图 4-5）。

（1）极高山峰群景区。

①珠峰群景区。本景区以珠穆朗玛峰（海拔 8844.43 m）为中心，囊括珠

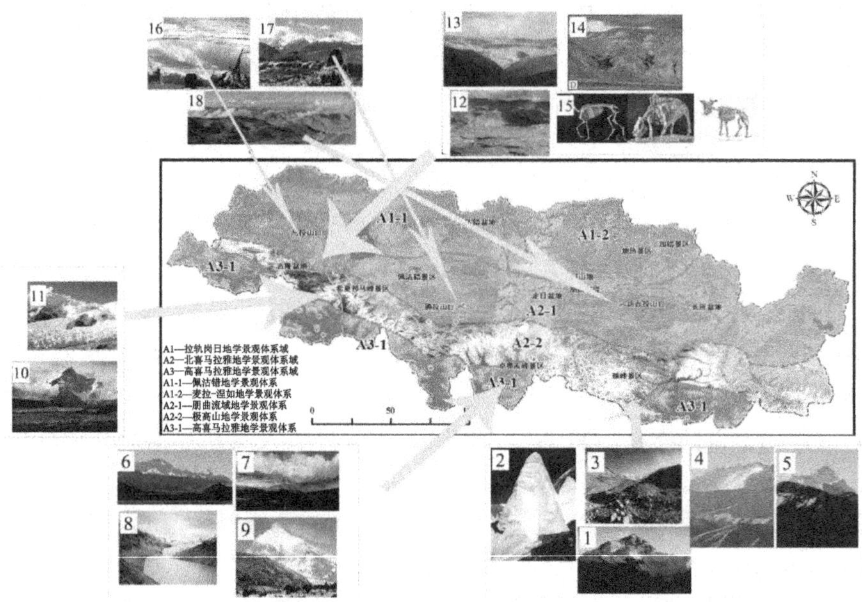

图 4-5　极高山地学景观体系资源分布图

1—珠峰；2—绒布冰川；3—冰碛物；4—洛子峰；5—马卡鲁峰；6—卓奥友峰；7—冰川地貌；8—卓奥友峰下的冰川湖；9—门隆则峰；10—希夏邦马峰；11—希夏邦马峰冰塔林；12—吉隆盆地；13—上新世湖相沉积；14—吉隆盆地沃马村三趾马动物群化石点；15—吉隆三趾马、大唇犀、小古长颈鹿；16—马拉山口；17—通拉山口；18—从觉吾拉山看珠峰

峰南面 3 km 处世界第四高峰洛子峰(海拔 8516 m)，东南面世界第五高峰马卡鲁峰(海拔 8463 m)，北面 3 km 处章子峰(海拔 7543 m)，西面努子峰(海拔 7861 m)和普莫里峰(海拔 7161 m)。作为喜马拉雅山脉主峰，珠峰及其周边极高山峰形成群峰来朝、峰头波澜壮阔的场面。珠穆朗玛峰山体呈巨型金字塔状，北坡雪线高 5800～6200 m，南坡为 5500～6100 m。东北山脊和西山脊中间夹着三大陡壁(北壁、东壁和西南壁)，在这些山脊和峭壁之间又分布着 548 条大陆冰川，类型齐全，冰川上限一般为 7260 m。珠穆朗玛峰冰川景观位于珠峰登山大本营南 12 km 的二号营地(海拔5400 m)周边。营地东侧的绒布冰川是珠峰地区最大的山谷冰川，它是由中、西绒布冰川汇合而成的复式山谷冰川，全长 22.2 km，面积86.89 km^2，冰川中游的最大流速为 117 m/a。东绒布冰川长 14 km，宽 0.8 km，末端海拔 5520 m，雪线高达 6250 m，总面积 48.45 km^2。绒布冰川最主要的景观是其中段的冰塔区，在中绒布冰川，它位于 5360～5730 m 处；在西绒布冰川，它位于5570～5800 m 处。这里是一片奇丽的冰雕世界，大自然鬼斧神工，雕出一座座高达数十米的冰塔，曲折的冰河迂回缠绕，偶有明镜般的冰湖，涌出湖水的冰洞洞口倒悬着珠帘般的冰钟乳。

②卓奥友峰群景区。本景区以世界第六高峰卓奥友峰(海拔 8201 m,又称“乔乌雅峰”)为中心,囊括西南方向的门隆则峰。卓奥友峰主要有西北、东北、西南、东南和西五条山脊,峰体被永久积雪和无数条冰川所覆盖。最著名的冰川景观是位于山峰西侧山下海拔 4959 m 的加布拉冰川,全长 21 km,是珠峰自然保护区第二长的山谷冰川。冰川最宽处 2 km,总面积 76.09 km^2。冰川下部形成冰塔林,发育于海拔5180~5595 m 处。形态各异的冰蘑菇点缀在冰川终碛之上。时常见有冰川消融而形成的冰川湖。门隆则峰又称“乔格茹”,海拔 7175 m,主峰山体呈角锥形,峰体上覆盖冰雪,布满冰雪溜槽。主要有五条山脊:东北山脊、东南山脊、南山脊、西南山脊、西北山脊,山脊为刃状。各条山脊之间多沟谷,其间发育许多现代冰川。主冰川为南侧的孔布热布桑冰川。

③希夏邦马峰群景区。本景区以希夏邦马峰(海拔 8012 m)为中心,囊括三个高差不大的姊妹峰及周边区域,主峰西北 400 m 处的山峰海拔 8008 m,主峰西北 700 m 处冰雪岩石相交的山峰海拔 7966 m。希夏邦马峰冰川发育程度在保护区仅次于珠峰冰川,该区有冰川 798 km^2。超过 5 km 的山谷冰川有 26 条,10 km 以上的冰川 10 条,其中叶波康甲若冰川是希峰北坡最大的一条山谷冰川,全长 12.5 km,冰川面积20.02 km^2,雪线高 6000 m,末端海拔 5530 m,上游 5800~5900 m 为雏形冰塔区,5600~5800 m 为冰塔区,5530~5600 m 为表碛丘陵区。在叶波康甲若冰川西侧,发育着希峰最宽的复式山谷冰川——达曲冰川,面积34.79 km^2,向下延展到 5360 m,冰塔区长 4.5 km。这两条冰川都发育有美丽非凡的冰塔林,长达数千米。与珠峰绒布冰川相比,这里地形更为开阔,又另有一番冰雪世界的景观。

(2)山口景区。

山口在珠峰自然保护区是一种极具特色的景观,它通常位于翻越山脉的公路垭口处,视野开阔,是观赏喜马拉雅雪山群和俯瞰藏南谷地高平原的理想位置。珠峰自然保护区内的这类景点最为著名的有马拉山口、通拉山口和达吾拉山口。

①马拉山口。其西南距吉隆县约 30 km,东至协格尔镇 231 km,海拔 5234 m,是保护区最高的公路垭口,地处吉隆藏布与佩沽错内流水系的分水岭上。向南可远眺喜马拉雅西段末端的雪山景观,这里视野非常开阔,雪峰高度多在 6500 m 左右并形成一个沿吉隆河谷向南而下的山环。山脚下群山丛中隐现着吉隆县城,在西侧突起的山峰上,穷嘎尔寺的红墙格外醒目。山口挂满经幡与哈达的玛尼堆上放置着无数牛角,形成保护区内最富特色的藏族文化山口景观。

②通拉山口。又名聂汝雄拉,其南距聂拉木县城 45 km,北至协格尔镇约 150 km,海拔5100 m 左右,是中尼友谊公路上著名的垭口。山口所在地为朋曲上游与喜马拉雅山南坡波曲之间的分水平台,可远眺西边的希夏邦马峰群。广袤的山口平台是当地重要的高山牧场。山口玛尼堆上七色经幡随风招展,给人一种超凡脱俗、飘飘欲仙的奇妙感觉。

③达吾拉山口。该景点位于协格尔镇至珠峰大本营公路上的最高点。其西南距绒布寺75 km,北距协格尔镇 35 km,海拔 5100 m。达吾拉处在朋曲与其支流扎嘎曲的分水岭上,这里是珠峰自然保护区观赏喜马拉雅群峰的最佳地点,向南可以眺望马卡鲁峰、洛子峰、珠穆朗玛峰、卓奥友峰、希夏邦马峰五座喜马拉雅中段最雄伟高耸的连绵山峰。从山口向北望,可以观赏到绵延起伏的藏南分水岭。在山口东、西两侧,各有一浑圆山峰,海拔分别为 5233.2 m 和5195 m,在此观赏山景视野更为开阔。

4.3.3 高喜马拉雅地学景观体系域(A3)

从地质界线来看,高喜马拉雅地学景观体系域(A3)介于托丹-尼拉断裂(F106)和主中央逆冲断裂(MCT)之间。体系域内断裂构造不太发育,但褶皱构造明显,从体系域的空间尺度来看,隶属于 MCT 北翼的褶皱构造,河流侵蚀和不稳定地质体构成的堆积、重力地貌显著。因此,本体系域的地学景观属于一种地学景观体系,即高喜马拉雅地学景观体系(A3-1)。因喜马拉雅山脉南翼的天然分隔作用,此体系内的地学景观区由四个不相连续的山谷组成,自西向东依次为吉隆山地、聂拉木山地、绒辖山地、朋曲山地(图 4-6、图 4-7)。

(1)吉隆山地景区。

该景区呈"U"形谷,坡降大,至山地下段呈深切"V"形谷,典型地学景点为河流阶地、瀑布、断裂峡谷和吉隆森林。季节性冰川融水和印度季风的丰沛降雨,在"V"形谷众多断坡处形成瀑布。克热曲瀑布是保护区最为美丽壮观的瀑布,位于吉隆县南约 50 km 处,从高约 200 m 山崖坠下,轰鸣声响彻山谷。谷坡东侧有二级阶地,公路修筑于高阶地上。树枝状断层撕裂出壮丽的峡谷地段,吉甫峡谷深 268 m、最窄处仅 70 m,站在吊桥上让人胆战心惊。

吉隆森林位于查嘎寺以南的吉隆藏布谷地,是珠峰自然保护区面积最大,风景最美丽的森林景区。主要由中山硬叶常绿阔叶林与亚高山常绿针叶林两大森林生态系统组成。前者是主体森林生态系统,分布于卓汤至冲色的吉隆藏布谷地,主要以高山栎(*Quercus senecarpifolia*)为建群种。还见有高 30 m、胸径 2 m 的罕见喜马拉雅红豆杉(*Taxus wallichiana*)古树以及我国仅见于吉隆的珍稀古木——长叶云杉(*Picea smithiana*),高 50～60 m,胸径 2～3 m。

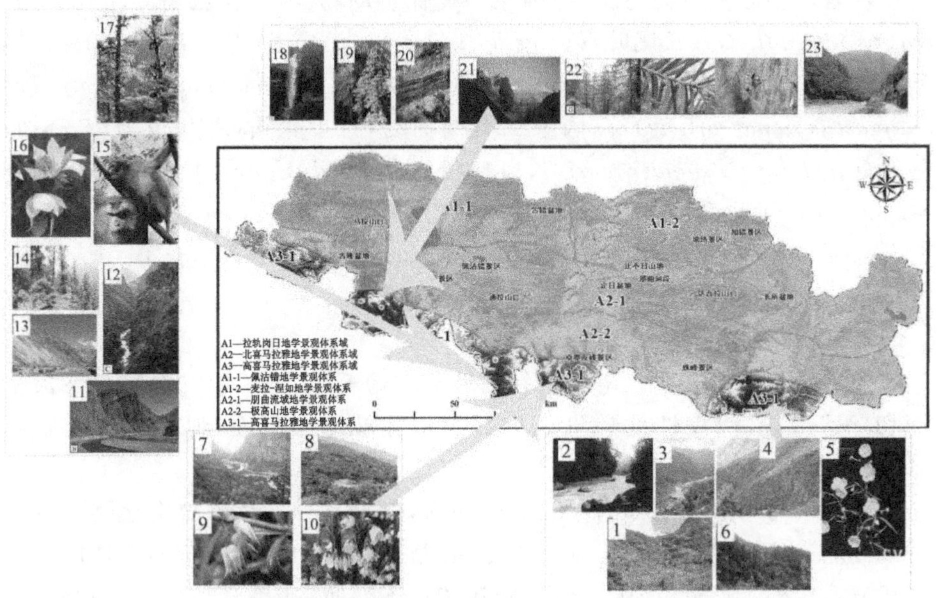

图 4-6　高喜马拉雅地学景观体系资源分布图

1—陈塘瀑布；2—朋曲下游雪雄玛段；3—甘玛藏布；4—甘玛森林；5—云生毛茛；6—喜马拉雅冷杉林；7—绒辖峡谷；8—高山柏灌木林；9—轮叶黄精；10—扫帚岩须；11—波曲"U"形谷河漫滩堆积；12—聂拉木县城南"V"形谷叠嶂；13—聂拉木标准地质剖面亚来乡北；14—雪布岗森林——喜马拉雅冷杉林；15—雪布岗森林——熊猴；16—立新森林——长蕊木兰；17—立新森林——云南铁杉；18—克热曲瀑布；19—吉普峡谷；20—吉隆镇南古老变质岩地层剖面；21—吉隆山地海洋性冰川；22—卢隆森林——长叶云杉、喜马拉雅红豆杉、西藏长叶松；23—吉隆藏布

图 4-7　高喜马拉雅地学景观体系的国家濒危动物

1—金钱豹；2—斑羚；3—黑鹇；4—狐狸；5—金猫；6—狼；7—鬣羚；8—喜马拉雅塔尔羊；9—雪豹

冲色以下低于 2200 m 的谷地还发育有我国仅生长于此地的珍稀森林群落——长叶松(*Pinus roxburghii*)林。卓汤以上到查嘎的吉隆藏布谷地主要生长着由喜马拉雅冷杉(*Abies sspectabilis*)组成的亚高山常绿针叶林。此外，

还生活着许多珍稀动物物种，如国家一类保护动物：喜马拉雅塔尔羊（*Hemitragus jemlahicus*）、长尾叶猴（*Presbytis entellus*）、雪豹（*Panthera uncia*）、棕尾虹雉（*Lophophorus impejanus*）、黑鹇（*Lophura leucomelana*）、藏雪鸡（*Tetraogallus sumatraensis*）等；国家二类保护动物：小熊猫（*Ailurus fulgens*）、鬣羚（*Capricornis sumatraensis*）、斑羚（*Naemorhedus garal*）、赤麂（*Muntiacus muntojak*）、金猫（*Felis temmincki*）、豹猫（*Felis bengalensis*）、喜马拉雅麝（*Moschus chrysogaster*）、黑熊（*Selenarcthos thibrtanus*）、岩羊（*Pseudois nayaur*）、血雉（*Itnaginis crurntuscruentus*）等。

(2)聂拉木山地景区。

该景区位于亚来乡以南的峡谷区域至友谊桥段，"U"形谷叠嶂至下段呈深切"V"形谷，代表性地学景观为聂拉木标准地层剖面、地热景观和森林景观。

特提斯喜马拉雅南部的标准地层剖面，位于北自聂汝雄拉南至聂拉木县城的波曲谷地，全长 45 km。除前寒武系为一套较厚的、具复理石构造的泥质变质岩系以外，下奥陶统中上部至始新统均不变质，几乎全是海相沉积岩，含化石丰富，厚达万余米，主要由四部分组成。

①聂汝雄拉上新统和更新统剖面。该剖面位于聂拉木县城北 45 km 处的聂汝雄拉南坡至中尼公路第 63 道班（达涕）两侧，包括上新统、下更新统和中更新统三个地层单位。中更新统由磨圆度和分选度较好的砾石层组成，广泛分布于聂汝雄拉平台上，为一套冰水沉积物。下更新统分布于山口南侧山坡，由棕黄色含砾石层的粉砂与细砂组成，含有多种介形虫类化石（*Candona* sp.，*candoniella* sp.，*Leucocythere* sp.，*Leucocytherella* sp.）。上新统在 63 道班附近，由灰白色、灰黄色及紫色中、细砂岩组成，岩层中夹有多层紫红色铁质砂岩层，地层中含有三趾马（*Hipparion* sp.）类动物化石、丰富的双壳类动物化石和植物及植物孢粉化石。

②土隆三叠系剖面。该剖面位于聂拉木北 40 余千米处公路西侧的土隆村附近，该地三叠系厚度达 1969 m，是我国研究三叠系十分重要的典型剖面。地层所属的土隆由曲龙共巴组、德日荣组、康沙热组、赖布西组、扎木热组和达沙隆组 6 组地层构成。岩性以灰岩、白云岩、砂岩和页岩为主。地层中含有大量菊石和双壳类化石，其中，曲龙共巴组岩层中发现"海中恐龙"——鱼龙（*Himalayasaurus tibetensis*）的化石。

③亚来全新统泉华沉积。亚来乡南 2 km 的公路东侧，分布着大面积的钙质泉华，海拔4300 m，前缘高出波曲 2 m，时代为早中全新世。泉华为致密层状，以及鲕状和气孔状的碳酸钙沉积，泉水出自东侧奥陶纪灰岩。在泉华

剖面中上层发现有植物化石忍冬(*Lonicera* cf. *hispida*)、荚迷(*Viburnum* cf. *erubescens*)、杜鹃(*Rhododendron* cf. *hypenanthum*)、蔷薇(*Rosa* sp.)、绣线菊(*Spiraea* sp.)、鼠李(*Rhamnus* sp.)等,并以此来推论喜马拉雅上升的速率。此外,在地面上还多次采集到属于中石器时期的石核、石片、石页、圆头刮削器等旧石器。

④亚来-甲村奥陶系至石炭系剖面。该剖面位于亚来南 6 km 的中尼公路东侧山地。奥陶系、志留系和泥盆系的古生代地层剖面是特提斯喜马拉雅南区地层中发育最好的标准剖面。岩层主要由灰岩、页岩和石英砂岩组成。剖面中含有大量海生生物化石,其中奥陶纪生物十分丰富,以腕足类、头足类为主,其他常见的还有腹足类、海百合茎和三叶虫等。志留纪生物种类较少,仅见有笔石、头足类和少量珊瑚化石。泥盆纪生物则主要以笔石、节石、菊石和腕足类动物为主。

聂拉木景区的阿当温泉地热景观位于亚来乡南 3 km 的阿当村附近,处于西去希夏邦马峰大本营、东去老定日两条徒步旅游路线的中转地。海拔 4500 m,泉水温度 11 ℃,属冷泉类,涌水量极大。该泉水为良好饮用水,其泉华含有大量植物化石。

雪布岗和立新乡森林是聂拉木景区森林景观最为富集的区域。雪布岗森林位于聂拉木县城南 20 余千米的曲乡西侧山谷,山谷西北侧是海拔 6637 m 的古林饮康日雪山。其冰川融水是得亲荡森林的补给水源。雪布岗谷地海拔在 3300～4000 m 之间,发育着由喜马拉雅冷杉(*Abies spectabilis*)组成的亚高山阴暗针叶林和由糙皮桦(*Betula utilis*)组成的落叶阔叶林。

立新乡位于樟木口岸东南侧,是保护区仅有的几个夏尔巴人居住区之一,也是保护区以山地亚热带常绿、半常绿阔叶林为特色的著名森林景区。森林核心部分是青漳布谷地,其亚热带半常绿阔叶林生态系统群落组成丰富、发育良好,是珠峰自然保护区生物多样性最丰富的山地垂直生态系统,是本区所罕见的热带、亚热带生物种类集中分布的复合系统,特别是其中的薄片青冈(*Cyclobalanopsis Lamellosa*)和曼青冈(*Cyclobalanopsis oxyodon*)群落,在珠峰自然保护区仅见于此地,并且很可能是它们在喜马拉雅山地分布的最西处。区内还保存有一片高大茂密的云南铁杉(*Tsuga dumosa*)林,它们生于悬崖深谷之中,基本保持原始面貌。此外,这里还可以看到非常美丽的国家重点保护植物长蕊木兰(*Alcimandra cathcartii*)等,同时栖息着许多国家珍稀动物,如国家一类保护动物:熊猴(*Macaca assamensis*)、喜马拉雅塔尔羊(*Hemitragus jemlahicus*)、长尾叶猴(*Presbytis entellus*)、红胸角雉(*Trogopan satyra*)、黑鹇(*Lophura leucomelana*)、棕尾虹雉(*Lophophorus impeja-*

nus)和金钱豹(*Panthera pardus*);国家二类保护动物:斑羚(*Naemorhedus garal*)、鬣羚(*Capricornis sumatraensis*)、赤麂(*Muntiacus muntojak*)、金猫(*Felis temmincki*)、豹猫(*Felis bengalensis*)和血雉(*Itnaginis crurntuscruentus*)等。

(3)绒辖山地景区。

该景区在高喜马拉雅地学景观体系中,面积最小且峡谷极窄,至今鲜有游客抵达。最显著的地学景观为学扎瀑布景观和绒辖森林。学扎瀑布位于绒辖乡左不德村的学扎附近。绒辖曲河流经曲嘎以后汇聚了北岸陈塘浦、播马尔曲河和南岸麦弄浦、曲么滚穷河等众多支流后,水量大增,其干流在播马尔曲河汇口处突然变窄随即进入下游的箱形河谷。该段谷地两岸极为陡峻,水面宽仅 10～20 m。在流过学扎瀑布以后 2 km 处,河床突然出现一陡坎,于是在绒辖干流形成一落差约 120m 的巨型瀑布,陡壁两岸亦有众多飞瀑直下,有的连跌三级,构成奇丽的瀑布景观。

绒辖森林位于绒辖河谷打章至中尼边界——聂鲁桥之间的谷地,其中曲嘎至聂鲁桥段森林景观最为优美。绒辖森林主要由糙皮桦(*Betua utilis*)、云南铁杉(*Tsuga dumosa*)、乔松(*Pinus griffthii*)和高山栎(*Quercus semecarpifo*)组成,其中发育最为良好的是云南铁杉林和乔松林,树高 30～40 m,胸径 40～60 cm。在打章至曲嘎段,糙皮桦林发育良好,它们在狭窄沟谷的侧坡形成向下弯倾的密林,林冠上垂吊着灰绿色的松萝,春天林下杜鹃争芳斗艳,别有一番景色。绒辖谷地的生物种类及珍稀濒危物种比较丰富。因区内森林茂密、人为破坏较少,有些珍稀濒危物种还有一定的数量。国家重点保护植物有胡黄莲(*Picrorhiza scrophulariiflora*)、桃儿七(*Sinopodophyllum*)、西藏延龄草(*Trillium govanianum*)、天麻(*Gastrodia elata*)、锡金海棠(*Malus sikkimensis*)、参三七(*Panax pseudoginseng*)等。

(4)朋曲山地景区。

朋曲山地全长约 32 km,具有代表性的地学景观为朋曲下游河段、陈塘瀑布景观、扎西惹嘎高山草甸和甘玛森林。朋曲河自卡达藏布汇口处南流进入陈塘峡谷,落差达 1410 m,纵比降高达 44%。河床多跌水和瀑布,两岸谷坡陡峻,谷肩以上地面坡度一般在 40°以上。谷地两岸森林密布,谷中流水轰鸣,河水咆哮而下直入尼泊尔境内。陈塘瀑布位于陈塘村朋曲河北岸的山坡上。朋曲流至陈塘附近形成陡峻的峡谷,北岸岸壁近于直立特别引人注目。崖壁上发源于 4500 余米的普布让拉的一条河流急泻而下,在汇入朋曲处形成悬谷,水流从 500 m 高的悬崖上直跌到谷底,从陈塘遥望如同一匹白练挂于石壁。由于落差大,距离远,该瀑布显得纤细、优雅。

扎西惹嘎位于日屋镇以南 7 km 处，海拔 4400 m，地处朋曲支流——拿当曲谷地。这里是从定结至陈塘的必经之路，也是此段通车公路的终点。这里有一段古老的藏式长城和大片华丽的高山草甸。扎西惹嘎气候远比加错拉等保护区北部高山区温暖湿润，其高山草甸的建群种为尼泊尔蒿草。各种高山植物非常丰富，如红花无心菜、匙叶银莲花、云生毛茛、高山委陵菜、斑唇马先蒿、珠芽蓼等。在此背景下，用草皮层与石块修筑起来的带有鲜明藏族色彩的长城随山势蜿蜒，形成扎西惹嘎高山草甸区自然与人文景观巧妙结合的区域特色。

甘玛森林位于马卡鲁峰北侧卡贞浦冰川下方的甘玛藏布与其支流谷地，是赴马卡鲁峰和珠峰东坡进行登山旅游的必经之地，马卡鲁峰登山大本营沙基塘也隐藏在此。森林组建类型丰富多彩，但最有特色的森林类型是发育于亚高山阴暗针叶林带的圆柏林。它们在海拔 3000 m 以上的开阔盆地形成大面积过熟的原始森林，其苍劲古老的外观，给人以一种岁月倒驰、回归远古的奇特感觉。甘玛谷地的圆柏林由垂枝柏（*Sabina recurva*）和滇藏方枝柏（*Sabina wallichiana*）两种群落组成，前者主要分布在海拔 2800～3600 m 处，后者则自 3600 m 一直分布至 4000 m 的林线附近，在林线以上形成盘伏于地的灌木丛林。垂枝圆柏林非常高大，一般树高 25～30 m，胸径 50～60 cm；滇藏方枝柏生长地域靠边林线，一般树高 15～25 m，胸径 30～50 cm。两种圆柏林下都比较干净，林内透光性较好，很适于深入林中游览与露营。特别引人注目的是甘玛藏布上游谷地比较开阔的林间与林缘以及林线之上杜鹃所形成的大面积的高山灌丛群落，每年春天 4—6 月，各种杜鹃自低谷至高山依次开放，五颜六色花朵遍染群山，形成天然杜鹃谷地。其中尤以树形杜鹃（*Rhododrndron arboreum*）最为绚丽，株高达 4～6 m 的树冠缀满血红色的花朵，远观如同一团火焰在熊熊燃烧。大红杜鹃（*Rhododendron neriiflorum*）则多生长于溪流河畔，花色鲜红，花瓣半透明，质润如蜡，林线以上则主要是由宏钟杜鹃（*Rhododendron wightii*）组成的大片高山杜鹃灌丛。

4.4 配套人文景观体系

联合国教科文组织颁布的《保护非物质文化遗产公约》和《土著语言和濒危语言的国际准则性文件可能涉及的技术和法律问题的初步研究报告》等指导政策，对保护西藏地区各种原生态文化具有重要意义。珠峰自然保护区的历史、宗教、民俗、文学和艺术等诸多方面在西藏文明中都是不可或缺的。通过统计和整理，珠峰自然保护区的非物质文化遗产种类共计 4 类，17 亚类

(表 4-4～表 4-7)。其中,定日洛谐歌舞与吉隆手镯舞、濒危语言 Sherpa (en) 与 Shingsaba (en),在保护区原生态文化系统中具有代表性。

表 4-4　　珠峰自然保护区非物质文化遗产——口头传统

编号	遗产名称	汉文名称	分布范围	地理坐标	汉文歌词
Ⅰ-4-1	定日酒歌	看看白色的海螺	定日县协格尔镇	28°40′N 87°07′E	仙人变老与没老,看看仙人的头部。如像看看黑色的山鸦,抑或看看白色的海螺
Ⅰ-4-2	定日酒歌	健康长寿	定日县协格尔镇	28°40′N 87°07′E	我们相聚的时刻,希望能够常相聚,常常相聚的人们,希望能够健康长寿
Ⅰ-4-3	定日酒歌	八宝吉祥图	定日县协格尔镇	28°40′N 87°07′E	有一只洁白的瓷碗,点缀着八宝吉祥图。若能找得到洁白的瓷碗,那就很难得八宝吉祥图
Ⅰ-4-4	定日酒歌	丰收年	定日县协格尔镇	28°40′N 87°07′E	在我们村的上面,流淌着一股金溪。溪水流过的地方,奠定了丰收之年
Ⅰ-4-5	定日酒歌	姑娘,我的手帕	定日县协格尔镇	28°40′N 87°07′E	如果你能送给我,枝叶繁茂的大树。如同送来清风的扇子,姑娘,我的手帕
Ⅰ-4-6	吉隆酒歌	请喝香甜美酒	吉隆县吉隆镇	28°23′N 85°20′E	首座举起酒杯,端起金勺一对。勺中金汁清清,勺中金汁清清
Ⅰ-4-7	吉隆酒歌	慈祥的人啊	吉隆县吉隆镇	28°23′N 85°20′E	舒适的环境,香甜的美酒,如此慈祥的酿酒阿妈呀。清静的寺院,年轻的和尚,如此和蔼可亲的老师呀

续表

编号	遗产名称	汉文名称	分布范围	地理坐标	汉文歌词
Ⅰ-4-8	吉隆酒歌	喝酒归来	吉隆县吉隆镇	28°23′N 85°20′E	喝了甘醇的美酒， 醉意朦胧归来了。 喝醉了没有酒疯， 许下诺言归来了
Ⅰ-4-9	吉隆酒歌	享用清凉的米酒	吉隆县吉隆镇	28°23′N 85°20′E	这些米是汉地的米， 是汉地北京带来的。 请享用清凉的米酒， 是北京方面赐给的
Ⅰ-4-10	吉隆酒歌	想着朋友的到来	吉隆县吉隆镇	28°23′N 85°20′E	想着朋友的到来， 酒碗边用酥油来粘花。 朋友真正到来的时候， 就用五福吉祥的粘花
Ⅰ-4-11	吉隆酒歌	酿着陈酒	吉隆县吉隆镇	28°23′N 85°20′E	请喝香浓的第一碗酒， 把第二碗酒放在后面。 青稞糠秕和秸的下面， 酿着香醇甜美的陈酒

表 4-5　**珠峰自然保护区非物质文化遗产——传统表演艺术**

编号	遗产名称	汉文名称	分布范围	地理坐标	文本说明
Ⅱ-2-1	定日舞蹈	洛谐，甲谐	定日县协格尔镇至岗嘎镇	28°40′N 87°07′E， 28°35′N 86°37′E	上溯至元朝洛定日万户府时期(1251—1360)，以扎念琴及三弦琴伴奏，歌者唱腔独特，舞者舞姿舒展豪放，音乐古朴粗犷，具有浓烈的高原特色
Ⅱ-2-2	吉隆舞蹈	手镯舞， 同甲舞	吉隆县吉隆镇	28°23′N 85°20′E	继承吉隆盆地藏族祖先创造的原始文化，特色在于表现当地妇女的手部装饰及宗教信仰
Ⅱ-2-3	聂拉木县夏尔巴歌舞	聂拉木县夏尔巴歌舞	聂拉木县	28°09′N 85°59′E	—

表 4-6 **珠峰自然保护区非物质文化遗产——民间手工艺**

编号	遗产名称	分布范围	地理坐标
V-3-1	吉隆县吉隆镇 木碗制作技艺	吉隆县吉隆镇	28°23′N 85°20′E

1.定日洛谐与吉隆手镯舞

舞蹈是珠峰自然保护区的重要文化现象，也是藏族人民极为典型的生活方式之一。定日县洛谐歌舞和吉隆县手镯舞分列于保护区的喜马拉雅山脉南北坡，属于完全不同的自然地理系统下产生的不同舞蹈种类。传统舞蹈通常表达的是人类对所处自然环境的敬畏和崇拜，从两种舞蹈中，能够反映出喜马拉雅山北坡牧区和南坡林区自然环境对人们的重要影响。从历史渊源看，两种舞蹈同位于唐朝时期通往吐蕃帝国的交通要道，且产生时间和延续时间相仿。两种舞蹈在内容、形式、表达等方面的异同，有助于进一步揭示唐蕃时期两国经济文化的历史风貌，也是珠峰自然保护区作为南亚文化走廊带组成部分的重要依据。

(1)定日洛谐。

"洛谐"是定日民间歌舞的主要表现形式，属群众性、大众化集体舞蹈，具有风格独特的民族民间色彩。从历史上讲，定日"洛谐"早在元朝洛定日万户府时期就有表现形式，俗称"农村圈舞"；从地域上讲，这些农村圈舞同拉孜、昂仁民间歌舞有相似之处，因此历史上泛称"堆谐"，"堆谐"在藏语词典中解释为"西部唱腔"，"洛谐"意为"拉堆南部歌舞"。在藏西南民族歌舞的演化发展过程中，经过各阶层特别是定日农牧民在劳动中逐步加工规范，形成了具有定日县域特色的"谐"舞。"谐"泛指节奏规整或不规整的歌舞(歌和舞互动)；"洛"现在普遍认为代表地域，而定日古代称"洛"(南部的意思)，于是形成了现在的定日"洛谐"。"洛谐"这种民间歌舞的主要形式有山歌、牧歌、劳动歌等。

洛谐音乐有三种类型：一是由散板歌曲加快板歌曲组成，二是由慢板歌曲加快板歌曲组成，三是由快板歌曲独立成曲。第一种音乐类型是定日洛谐独有的，在演奏时没有间歇、不做停顿，但在旋律、节奏、节拍形式等方面，两者对比鲜明，一听即可分辨出散板和快板两种不同音乐类型。散板部分富于歌唱性和朗诵性，旋律性不规则，节奏不规整，没有乐器伴奏，没有舞蹈相随；快板部分则富于舞蹈性，节奏规整，旋律感人，载歌载舞，有乐器伴奏，情绪欢快热烈。歌舞音乐中出现大段散板的现象在我国民族音乐中可谓罕见，可能与当地民间音乐的影响、牧业的环境、高寒的地势不无关系。

(2)吉隆手镯舞。

吉隆手镯舞又称“同甲”,“同”即白海螺,藏语称“同嘎”,是西藏八宝吉祥之一,经过加工后成为吹奏乐器或装饰手部的手镯,表示吉祥或招财迎宝等内涵;“甲”即舞蹈之意,“同甲”意即妇女双手戴着以海螺装饰的手镯来跳的舞蹈,是日喀则地区民间舞蹈中极具特色的一类,属于谐钦歌舞类型。其富于变化的手部动作和抒情优雅的舞姿动律,是该舞蹈表现形式的突出特点,是西藏林区舞蹈的代表。

吉隆手镯舞具有宗教信仰内涵。吉隆毗邻尼泊尔,历史上受邻国佛教文化影响颇深。从歌词来看,大多是歌颂当地人们所信仰的教派“噶举派”和“宁玛派”,以及赞美古代寺庙、自然景物和相互祝愿等内容。他们表演的队形有不少从左绕行的独特“绕圈”动作,如“欧姆索德”,即“六字真言”,以男女形成大圆圈,左手抓住前面人的后腰,右手持“转经筒”,向顺时针方向绕圈。这是当地人们常有的宗教意识,也是宗教思想在艺术形态上的反映。

2.濒危语言

定结县、聂拉木县和定日县与尼泊尔边境地区自古就有交往,形成了南亚文化走廊的要隘(图 4-8)。在长期生活中,形成了国籍不同但语言相同的现象。定结县陈塘、定日县绒辖和聂拉木县樟木是藏族中夏尔巴人的主要聚居地。夏尔巴人,汉语意为“东方来人”,又可解释为“留下的人”。夏尔巴人的祖先为宋朝时期的党项人,西夏灭亡时,党项后裔逃至喜马拉雅山深处,逐渐在今定结、定日、聂拉木与尼泊尔边境地区定居。除聂拉木县樟木与尼泊尔有公路相通外,其他两地进入性极差,尤其是定结县陈塘镇,至今镇上老百姓的所有生活用品只能采用人工背的方式运输。此外,由于居住地的闭塞性,这一群体的生活方式得到了很好保存。从语言的角度看,夏尔巴人使用藏文和藏语,但具有独特的地方口音,与藏区使用的藏语存在显著的发音差别。

在与定结县陈塘、定日县绒辖和聂拉木县樟木接壤的尼泊尔境内,已有两种语言被联合国教科文组织定为濒危语言。而在对应地区的我国境内,却没有相应记录。在野外考察的过程中发现,夏尔巴人的活动区域通常包括尼泊尔境内的部分地区,在其生活方式甚至婚俗方面,与尼泊尔人无差别,且与尼泊尔人通婚的现象较为普遍。值得注意的一点是,考察队的藏族同志无法听懂夏尔巴人的藏语,但夏尔巴人与尼泊尔人在语言交流上无障碍。因此,尼泊尔境内的 3 种濒危语言,有可能是 3 个地区夏尔巴人所使用的语言,具有非物质文化遗产价值。但因我国在濒危语言保护方面还未取得重大突破,且这一结论缺乏深入论证。在此,仅将 2 种濒危语言整理汇总。

表 4-7 **珠峰自然保护区非物质文化遗产——濒危语言**

序号	名称	濒危等级	使用人数	使用区域	地理坐标	档案编号 *
1	Sherpa (en)	易受影响	148693 人(尼泊尔 129771 人,印度锡金邦 13922 人,中国 5000 人)	尼泊尔 Solukhumbu 地区、中国珠峰地区、印度	27°44′20″N 86°50′20″E	ISO 639-3 code(s): xsr 记录号: 01451
2	Shingsaba (en), Lhomi, Lhoket,	易受影响	4000 人(2001 年尼泊尔人口普查统计,使用该语言人数仅 4 人)	尼泊尔 Sankhuvā Sabhā 一直到中国西藏边境	27°42′58″N 87°28′23″E	ISO 639-3 code(s): lhm 记录号: 01450

注:* 为联合国教科文组织世界濒危语言普查工作组编制的档案号。

3. 南亚文化走廊带

珠峰自然保护区是西藏文明发祥地之一。保护区所辖四县地处中尼边境,尼泊尔与南亚诸国自古便有经济、文化、宗教等方面的交往,是连接我国与南亚地区的中枢,而珠峰自然保护区是我国接纳南亚文化的重要渠道。如果说西藏自唐代以来的文明是一部与藏传佛教相伴相生的历史,珠峰自然保护区就是承担这部分历史产生和发展的载体。西藏西部的游牧经济、北部羌塘的古老文明、南亚沃土的佛教精神,都曾以珠峰自然保护区的某一条或多条通道为依托,传播到南亚地区、青藏高原、我国内陆地区甚至太平洋东岸诸国。

地理条件和遗迹遗址的史料记载表明,"嘉措拉山口—协格尔镇—岗嘎镇—佩沽错—马拉山—宗嘎镇—吉隆镇—热索桥"(图 4-8)是贯穿珠峰自然保护区的南亚文化走廊的主干道。走廊东连后藏文化中心日喀则和卫藏佛教圣地拉萨,南接佛教发源地尼泊尔。大乘佛教传入西藏始于 7 世纪;赤尊公主入嫁西藏也始于 7 世纪;唐高宗时期著名外交探险家王玄策四次出使天竺始于 7 世纪下半叶,对吐蕃至尼泊尔道的南段走向、出山口位置、沿途风土民情进行了详细记录,提供了吐蕃王朝时期唐蕃经济文化交往的历史证据。

(1)清军抗击廓尔喀入侵的军事遗迹。

在南亚文化走廊北段,加措拉山北部拉孜县夺玛村至聂拉木县古措村约 280 km 的路程范围内,有 70 余处清军修筑的军营、防御工事、烽火台、瞭望台等遗迹。清朝乾隆年间,福康安大将军抗击廓尔喀人入侵西藏。拉孜县夺玛

图 4-8　珠峰自然保护区内南亚文化走廊示意图

1—清军抗击廓尔喀入侵的军事遗迹；2—协格尔曲德寺；3—查嘎尔达索寺；
4—《大唐天竺使出铭》摩崖石刻；5—帕巴寺；6—赤尊公主入藏休憩处

村至聂拉木县古措村，是通往日喀则的必经之路，无论从吉隆入藏抑或从聂拉木入藏，都必途经此处。镇守住这一区域即可保全日喀则甚至拉萨。这些残存的遗址，有的规模庞大，占地约 0.8 km^2，有的仅一座单体建筑。从绵延 280 km 的遗迹分布情况，可大体看出清军排兵布阵的方略。

(2)协格尔曲德寺。

根据《协格尔宗教源流》记载，该寺由洛钦・扎巴尖参于 1385 年创建，其历史以 1643 年为界，以寺院修习的教义内容不同而分为前、后两个时期。1643 年前，主要习练萨迦派和珀东派，兼及包括黄教在内的其他教派，是一座多种教派共存的寺庙。1643 年后，五世达赖委派列杯顿珠担任堪布职位，并指定他把该寺转化为纯黄教寺院。因此，曲德寺成为只习练格鲁派教义的寺庙。

(3)查嘎尔达索寺。

查嘎尔达索寺位于吉隆县宗嘎镇南约 40 km 处，建筑在现已干涸的隆达湖山崖顶端，海拔 4200 m，距地面约 200 m，是噶举派第二代祖师米拉日巴(1040—1123)的修行圣地之一。据郭和卿译本《青史》记载，米拉日巴在玛尔巴大师处修行圆满之后，“走出乡境，而留恋往返于吉绒(吉隆)的诸山穹古中”。查嘎寺前后有十二代堪布传承衣钵，在“文革”初期即遭破坏。这一宗教圣地现大部分已成废墟，但仍然吸引着吉隆各村以及康区和尼泊尔的信徒来此朝拜，是一处享有盛名的古迹。

(4)《大唐天竺使出铭》摩崖石刻。

《大唐天竺使出铭》系显庆三年(658 年)，唐高宗时期著名外交探险家王玄策、刘仁楷一行出使印度次大陆时途经此地留下的实物。这是迄今为止在西藏已发现汉藏文石刻中年代最早的一通，比现存于拉萨大昭寺前著名的《唐蕃会盟碑》(立于唐穆宗长庆三年，823 年)早 165 年。当地群众称之为“阿瓦甲益”，即“父亲汉字”之意。石刻位于吉隆县宗嘎镇以北 4.5 km 处的一崖壁上。崖壁面阔约 1.5 m，高约4 m，距地表高约 8 m，其上有崖棚遮盖，朗热水渠从崖脚环绕而过。石刻长 1 m，高 90 cm，阴刻楷书，字面用阴线细刻方框间隔，现存共 24 列，300 多字。这通唐代前期的摩崖石刻记载了唐代使节经艰难险阻出使天竺，于此勒石记功的情形。这通石刻的发现，对于认识唐代中原与西藏地区乃至天竺等外国之间的交通以及政治、经济往来等情况具有重要意义。

(5)帕巴寺。

帕巴寺是位于被称为“圣城”的古代中尼、中印交通重镇吉隆镇上的一座千年古寺，据传为松赞干布迎娶尼泊尔赤尊公主时，在边镇建立的镇边寺庙之一，位于现吉隆镇政府所在地之东侧约 30 m 处，海拔 2850 m。帕巴寺的建筑式样主要依照尼泊尔寺庙风格，从寺庙建筑及壁画来看，保存了历史风貌，具有浓郁的南亚风格。

(6)赤尊公主入藏休憩处。

该处位于吉普村南约 1 km 处。在当地访谈调查中，此处即为尼泊尔赤尊公主携带随从入藏的第一处休息地。当时，松赞干布派遣了使者前来迎接，双方在此处举行了交接仪式。尔后，赤尊公主走向了喜马拉雅深处，也揭开了吐蕃王朝与尼泊尔王国经济文化交流的新篇章。

4.5 景观资源特色与开发评价

4.5.1 景观资源特色

珠峰自然保护区以优美的自然景观，深邃的自然科学知识内涵，丰富的民族历史文化资源，给游客以独特的自然美享受和正确处理人与自然关系的启迪。其景观资源具有以下三大特色：以雄伟壮观的喜马拉雅山脉景观为代表的“世界屋脊”，以宽阔雄浑的藏南高平原宽谷景观为特征的“雪域高原”，青藏高原南斜面高山峡谷景观的“高原山地生态旅游胜地”。

1.世界屋脊

喜马拉雅山脉在古生代至中生代白垩纪近5亿年的漫长岁月中，曾长期浸没在茫茫的古特提斯海之中，这一巨大海盆亿万年汇聚的沉积物构建了保护区巨厚的岩层。在距今7000万年的白垩纪晚期，自古生代以后由南半球冈瓦纳古陆分离出的印度板块，经过长途漂移，最终在喜马拉雅山脉一线与欧亚板块相撞，随之发生了强烈的喜马拉雅运动。在这一运动的强烈作用下，包括珠峰自然保护区在内的古特提斯海域在短短的数千万年期间，一跃成为由世界上最高的喜马拉雅山脉和平均海拔4000m以上的宏伟高原组成的“世界屋脊”。喜马拉雅山脉有11座海拔8000 m以上的雪峰，其中5座集中分布在保护区，而7000 m以上的高峰则有20座之多。这一世界最高峰，显示着强大的自然力并有着震撼心灵的效果。

2.雪域高原

拉轨岗日和喜马拉雅两条巨型东西向山脉之间为藏南高原湖盆地貌，平均海拔4700 m，地势起伏较为平缓，盆地间点缀着一些咸淡不一的内陆湖泊，湖泊周围有大片湿地草甸，为水草丰富的牧场，而在湖滨干涸地带则有成片的盐碛地貌。受喜马拉雅峡谷风影响，这一区域还发育多处流动及固定沙丘地貌。山脉北侧的藏南谷地地势高亢平坦，雪峰林立、绵延逶迤的喜马拉雅山脉在此可一览无遗。在这一高原的不同方位、不同距离和不同仰视角度，都可观赏到巍峨连绵的喜马拉雅雪山。欣赏到的雪山景色，可以是著名雪山的近景特写或局部山段的中景，也可以是视线所及区域的喜马拉雅全景。这一区域也是当地居民世代生产劳动的核心区域，高原自然景观与藏族老百姓的淳朴生活构成了浑然一体的雪域高原劳作图景，对看惯了现代都市浮华场景的游客而言，具有涤荡精神的作用。

3.高原山地生态旅游胜地

翻越喜马拉雅山脊上的山口，就由雪域高原进入喜马拉雅山南翼的山地区域。公路沿高山盘旋上下，在这里可以领略高原缺氧的感受，经历空中行车的惊险，品味雾里看彩花、云外观蓝天的意境。翻越山口后，展现在面前的是奇特的湖积地层经河流、雨水为主的外营力作用，加上高原隆升所形成的水平层理悬崖及土林景观，在此可以清楚地感受到新生代以来青藏高原的沧桑巨变。进入高山峡谷地段后，地势落差骤然增加，在峡谷的两侧为平均海拔6000多米的高峰群，大片冰雪覆盖，并发育巨大海洋性冰川，同时形成各种类型、形态各异的冰川地貌。深切喜马拉雅山脉的四个峡谷的海拔落差最大达到5200多米。河水湍急，有多处跌水和瀑布，每逢夏秋多雨季节，汹涌的江水咆哮而下，发出震耳欲聋的轰鸣声。峡谷无数条银练般的飞瀑，在苍松翠柏映衬中，十分壮美。四个峡谷还起到了水汽通道的作用，印度洋暖湿气流沿峡谷而上，在其两侧及喜马拉雅山南翼形成了错落有致的森林生态景观。

4.5.2 地学景观资源评价

根据珠峰自然保护区各类地学景观评定等级，可以清楚地了解每个景观资源的性质和确切价值，从而科学地确定各个景区的界线、开发方向、发展规模、保护方式，并制订出切实可行的区域发展规划，以达到景观资源持续利用的目的(唐勇等，2010)。根据《旅游资源分类、调查与评价》(GB/T 18972—2003)，设"评价项目"和"评价因子"两个层次。评价项目包括"资源要素价值""资源影响力"和"附加值"3 项。"资源要素价值"项目包括"观赏游憩使用价值""历史文化科学艺术价值""珍稀奇特程度""规模、丰度与几率""完整性"5 项评价因子。"资源影响力"项目包括"知名度和影响力""适游期或使用范围"2 项评价因子。"附加值"项目包括"环境保护与环境安全"1 项评价因子。

景观资源评价分为五级，从高到低为：五级，≥90 分；四级，75～89 分；三级，60～74 分；二级，45～59 分；一级，30～44 分；未获等级，≤29 分。对珠峰自然保护区地学景观资源的评分，邀请了珠峰管理局、西藏自治区旅游局和长期从事西藏地质、生态、植被、环境等研究领域的专家学者进行打分，通过计算得分确定级别。评价结果如表 4-8 所示。保护区地学景观资源极为丰富，品级极高，众多地学景观为世界仅有和罕见，其资源品质属于世界级旅游区。

表 4-8　**珠峰自然保护区主要地学景区评价**

景观资源	资源要素价值(85)					资源影响力(15)		附加值	得分	资源等级
	观赏游憩使用价值(30)	历史文化科学艺术价值(25)	珍稀奇特程度(15)	规模、丰度与几率(10)	完整性(5)	知名度和影响力(10)	适游期或使用范围(5)	环境保护与环境安全		
极高山景区	30	23	15	10	5	10	4	1	98	五级
山口景区	22	20	8	6	5	5	5	1	72	三级
加错景区	24	20	8	6	5	5	5	0	73	三级
连续盆地景区	22	20	10	6	4	6	5	1	74	三级

续表

景观资源	资源要素价值(85)					资源影响力(15)		附加值	得分	资源等级
	观赏游憩使用价值(30)	历史文化科学艺术价值(25)	珍稀奇特程度(15)	规模、丰度与几率(10)	完整性(5)	知名度和影响力(10)	适游期或使用范围(5)	环境保护与环境安全		
聂拉木地质剖面	25	22	10	6	4	6	4	1	78	四级
沃马地质剖面	25	22	12	9	5	9	3	1	86	四级
止不日地质剖面	26	20	12	8	5	9	4	0	84	四级
朋曲中游河段	22	20	10	6	4	6	5	1	74	三级
高喜马拉雅山地景区	28	23	14	9	4	10	3	0	91	五级
佩沽错景区	25	22	11	7	5	7	5	1	83	四级
地热景区	22	20	10	6	4	6	5	1	74	三级

1. 资源品级具有世界级垄断性

珠峰自然保护区地学景观资源地处古北极生物地理区的南部，该地理区位于最特殊的两省(西藏省和喜马拉雅高地省)的交界处。作为保护区主体的北部地区属藏南山原宽谷湖盆区，具典型的寒冷、半干旱高原大陆性气候；区内发育着高寒灌丛、草原生态系统；植物区系以泛北极成分为主，动物区系以古北界成分为主，两者都含有较多的高原特有成分，整个地区体现了西藏南部区域的鲜明特点。保护区南部地区正处在喜马拉雅山脉的核心部位，山脉最高峰的珠穆朗玛峰和另外 4 座 8000 m 以上的高峰均位于该地区。区内具有典型的高山峡谷地特征，气候垂直分异明显，谷地受印度洋暖湿气流影响，湿润多雨。河谷发育着喜马拉雅南翼的湿润山地森林生态系统，植物区系以中国-喜马拉雅成分为主，动物区系以东洋界成分为主，两者都含有较多的喜马拉雅特有成分，整个地区鲜明地表现了喜马拉雅高地的地域特色。仅在珠峰自然保护区，就存在着世界上两个极特殊的生物地理省的典型代表地段，在世界自然保护区中实属罕见。

珠峰自然保护区还有众多珍稀、特有的景观资源，尤其是观赏珍稀生物物种是最吸引人的旅游项目之一。珠峰自然保护区地跨青藏高原和喜马拉雅山地两个大自然地理区域，又处在几个不同自然地理区域的交错地带，保护区内兼有多个自然地理区域的珍稀濒危生物，所以珍稀、濒危生物种类十分丰富。保护区中东洋界的国家一类保护动物有长尾叶猴、熊猫、喜马拉雅塔尔羊、金钱豹、红胸角雉、棕尾虹雉、黑鹇；国家二类保护动物有小熊猫、黑熊、小爪水獭、丛林猫、金猫、豹猫、喜马拉雅麝、赤麂、斑羚、鬣羚、血雉。古北界的国家一类保护动物有雪豹、藏野驴、黑颈鹤、玉带海雕；国家二类保护动物有藏原羚、盘羊、岩羊、猞猁、棕熊、马麝、藏雪鸡、喜山兀鹫。保护区内国家重点保护植物有长蕊木兰、西藏延龄草、天麻、锡金海棠、人参三七、长叶云杉、喜马拉雅长叶松、胡黄连、桃七、喜马拉雅红豆杉、水青树。受研究程度所限，现在公布的国家重点保护植物仅属第一批，珠峰自然保护区内还有尚未列入其内的珍稀、濒危植物，如喜马拉雅红杉、西伯利亚刺柏、西藏润楠、吉隆绿绒蒿、互叶铁绒莲、雪兔子等。

近年来，珠峰自然保护区加强了对野生动物的保护，像藏野驴、藏原羚、长尾叶猴、岩羊、藏雪鸡等珍稀野生动物的种群都得到了较大的扩展，游客可以较容易地在野外观赏到这些珍稀动物。当然除了珍稀物种外，珠峰自然保护区还有许多珍稀特有的自然景观，如珠峰绒布冰川的冰塔林、珠峰的旗云、西藏最高的止不日海相沉积层位、世界上分布海拔最高的三趾马化石产地，等等。

2.资源类型丰富，组合协调

对任何一个旅游目的地来讲，旅游资源的多样性是决定其是否具有吸引力的重要因素。珠峰自然保护区由高喜马拉雅山地和高原宽谷湖盆两大地单元组成。前者雪峰高耸，河谷深切，地势差异近7000 m，含有丰富的构造地貌、河流地貌、冰川地貌和冰缘地貌类型；后者山原起伏如波，河谷宽广，湖泊棋布，表现出未受流水侵融的以高原夷平面为主体的地貌特征。全区地貌形态具有很强的多样性。

上述地貌形态特征造成区内气候的多样性。保护区南部的喜马拉雅南翼山地具有湿润多雨的海洋性气候，受气候差异的影响，该地气候垂直分异明显，从谷底的山地亚热带气候，逐渐演变为山地暖温带、亚高山寒温带、高山亚寒带，最后过渡到高山寒带气候。在7000 m的垂直幅度上，呈现如同我国从南方亚热带地区到北极近7000 km水平距离的气候变化。本区北部拉轨岗日山地的高原气候寒冷干旱，具有典型的高原大陆性气候特征。在这种复杂环境因子作用下发育的生态系统，其多样性自然是很明显的。喜马拉雅南翼湿润山地森林生态系统由一系列垂直生态系统组成：从谷底到山顶依次为山地亚热带常绿阔叶林、常绿针叶林，山地暖温带常绿针叶林、硬叶常绿阔叶林，亚高山寒温带常绿针叶林、落叶阔叶林，高山亚寒带灌丛、草甸，高山亚寒带冰缘，高山寒带冰雪等生态系统。喜马拉雅北翼藏南高原半干旱灌丛、草原生态系统也由一系列垂直生态系统组成：高原亚寒带灌丛、草原，高山亚寒带草甸，高山亚寒带冰缘，高山寒带冰雪等生态系统。本区生态系统的多样性还表现为由于地貌类型、小气候环境的复杂多样性，以及该地区特殊的地质形成过程，区内发育有许多隐域性生态系统，如沙地生态系统、湖泊生态系统、沼泽生态系统等。

在生物景观方面，珠峰自然保护区以其丰富的生物种类多样性为特色。根据初步调查，珠峰自然保护区共有高等植物 2348 种，其中被子植物 2106 种、裸子植物 20 种、蕨类植物 222 种、苔藓植物 472 种、地衣植物 172 种；真菌 136 种；哺乳动物 53 种、鸟类 206 种、两栖动物 8 种、爬行动物 6 种、鱼种 5 种。上述生物属国家重点保护的植物有 10 种，国家重点保护的动物有 33 种，其中国家一类保护动物 11 种。在西藏境内，它是仅次于墨脱自然保护区的生物多样性最丰富的自然保护区。

3. 自然与人文原生态性突出，是极佳的高原山地生态旅游目的地

珠峰自然保护区地域宽广，人口稀少，全区仅有 82000 余人，其中 70%分布在经济发展区，28%分布于科学实验区，核心区固定居民不足 2%，人口对核心保护区的压力较小。加之当地藏族群众多采用传统的生产方式，人类生产活动对自然环境的影响较小，在人类生产活动相对影响较大的喜马拉雅南翼森林地区，在 2002 年升级为国家级自然保护区时，林区木材砍伐已被禁止，吉隆江村、冲色，聂拉木立新、樟木，绒辖林区已被划为核心保护区，宝贵的森林生态系统得到了保护和恢复。1989 年停建了卡达至陈塘的公路，保护区最重要的陈塘森林生态系统得到了根本性的保护。为了保护北部高原灌丛和草原地区，当地政府控制了牲畜头数。这一系列措施使保护区的生态环境得到了有效保护，一些退化的森林、草原和灌丛生态系统开始恢复。目前除人口集中的乡镇外，其他地区的自然环境基本保持着比较原始的面貌。例如脱隆沟核心保护区内生长茂密的原始森林，鲜受人类生产活动的干扰；在珠穆朗玛峰景区，岩羊几乎无畏行人，冬季常到绒布寺旁觅食，人类靠近数米亦不逃走；佩沽错景区的藏野驴与牧民及畜群和睦相处，共同在草原上嬉戏。整个保护区雪山洁白、湖水碧蓝、农田村舍清幽质朴，村习民俗古风犹存，给游客以自然天成之感。

总而言之，珠峰自然保护区所具有的众多景观资源，因有鲜明的地域代表性、种类的多样性、种质的珍稀特有性、整体的自然性和核心景区突出的感染力而具有极高的旅游观赏价值，只要能合理地开发利用，保护区具有成为世界一流地学景观旅游区的强大生命力。

本章彩图

5 地学景观成因

自然景观是地表在一定尺度的空间内形成的富有观赏价值、美学价值的视觉模式，为某一观察点所能看到的自然景色(袁成等，2004)。地学景观虽然具有极强的地学专业性，但以“景观”的角度审视，它也属于自然景观的范畴。景观成因是探讨某一空间内地表现象的形成环境、形成过程、形成机理或隐藏在一系列表象下的地学规律，从而构建地表在时间尺度上的进阶阶段和演化模式。这一问题是旅游地学研究领域的重点，对未来地学景观资源的开发与拓展，具有极强的指导意义。

珠峰自然保护区的五大景观体系呈现出的不同面貌、不同结构、不同空间格局，集中反映了喜马拉雅山脉中段地学景观的复杂性和独特性。本章将以地层学、构造地质、新构造运动的研究理论和方法，开展保护区地学景观成景环境、成景过程及景观演化等方面的研究。

5.1 成景环境分析

地学景观是地球表面物质受内外营力塑造而形成的面貌，从地学角度来看，地球表面由地层构成，研究的具体对象是岩石圈。地质学上能够确定的地球历史为46亿年，但在遥远的地质时期就有海陆分野，既有遭受风化、剥蚀、搬运的陆地，又有沉积物聚集、堆积的海洋江河，在不同的地质历史时期，地质作用就在或快或慢，或强或弱地改造这个地球，夷平高山，堆填海河。就这样一点一点，一层一层，由下而上，由老到新，或断或续，或缓或急地沉积下来，形成现今我们看到的按某种顺序排列的地层。由于周期性的海平面升降变化，控制着地层层序的形成，换句话说，一个层序响应着一次海平面升降变化，而一次海平面升降所需要的时间和造就的空间，对成景地层的形成起着至关重要的决定作用。

本节主要从地层层序角度探讨保护区在主要地质时期的古地理状况，按地质历史时期，恢复保护区以及喜马拉雅地区沉积环境。定日至聂拉木樟木一线的中尼友谊公路，出露前寒武纪至白垩纪连续沉积的海相地层，即著名的聂拉木标准地层剖面，是研究保护区古地理环境的重要区域。

1. 陆表海盆地沉积环境

在前寒武纪漫长的地质历史阶段，喜马拉雅地区埋藏在古老的印度大陆北部陆壳之中，在印度大陆和欧亚大陆之间，是广阔的古亚洲海。晋宁运动或吕梁运动时期，印度大陆北部边缘发生褶皱，形成古老的地层隆起，经过热动变质作用而结晶，但暂时未接受沉积。晋宁运动之后，在北喜马拉雅地区沉积了厚约 1270 m 的前寒武纪泥质岩系，不整合于前寒武纪变质岩系之上，沉积物西厚东薄，西细东粗。早奥陶世古亚洲海有扩大之势，在北喜马拉雅地区沉积了厚约 800 m 的钙质岩系，产有较丰富的角石。晚奥陶世早期，海水继续扩大，北喜马拉雅地区沉积厚约 228 m 的以钙质为主的沉积，产丰富角石。晚奥陶世晚期，海水继续扩大，北喜马拉雅地区沉积物为泥砂质，呈棕红色，未见动物化石，厚仅 70 m，表明已处于偏氧化的浅海—滨海环境(图 5-1)。

早志留世北喜马拉雅地区仍处于浅海相环境，沉积物主要为一套介壳相灰岩，中部夹砂岩及笔石泥灰岩。生物以头足类为主，有少量珊瑚，厚 75～250 m。至晚志留世继续接受沉积，沉积物为砂岩夹泥灰岩、粉砂质页岩，化石稀少，厚 35～125 m，处于浅海浅水带或潮下带环境。

由于加里东运动的影响，冈底斯地区的念青唐古拉古陆和木纠错古陆相连，成为冈底斯古陆，海水由北向南撤退到现在的冈底斯以南。早泥盆世早期，是泥盆纪第一次发生规模较大的海侵，除念青唐古拉局部地区为古隆起外，藏北藏南全部被海水淹没，整个早泥盆世时期均以浅海相沉积为主。北喜马拉雅地区在早泥盆世早期继续保持晚志留世的古地理环境——高喜马拉雅地区为古陆，海水东深西浅，定日以西沉积物以碎屑岩为主夹少量灰岩，厚 45～125 m，生物稀少；东部(亚东一带)为浅海相碳酸盐沉积，具波状泥质条纹，厚约 211 m，生物以游泳的角石为主，局部产底栖的腕足类、海百合茎、珊瑚。早泥盆世中期(布拉格期)至晚期，海水逐渐加深而趋于平静，由于地壳的沉降速度不同，出现南浅北深的局面，沉积物为泥岩、粉砂质泥岩夹灰岩、泥灰岩，厚 46～170 m。中泥盆世早期(艾菲尔期)海水普遍变迁，北喜马拉雅地区为滨海相，直至晚泥盆世早期，沉积了一套较纯的石英砂岩，厚 30～250 m，上部含植物碎片，表现离海岸较近，可能为滨海潮下带沉积。晚泥盆世晚期，海水有所增加，沉积物为页岩夹灰岩，厚约 65 m，均为浅海相沉积(图 5-2)。

早石炭世早期(岩关期)继晚泥盆世的古地理状况仍处于浅海环境，沉积物以碳酸盐岩为主。北喜马拉雅地区为薄层灰岩夹页岩，厚 60 m，生物以浮游的菊石为主，其次为腕足类，反映了较稳定的浅海环境。早石炭世晚期(大塘期)，藏北藏南再次被海水淹没，北喜马拉雅处于滨海—浅海状态，为一套细砂岩、砂岩、页岩夹薄层灰岩的海侵序列沉积，厚约 1888 m。拉轨岗日地区随着海侵沉积了一套泥质碎屑岩-碳酸盐岩，厚 200～500 m。晚石炭世(威宁

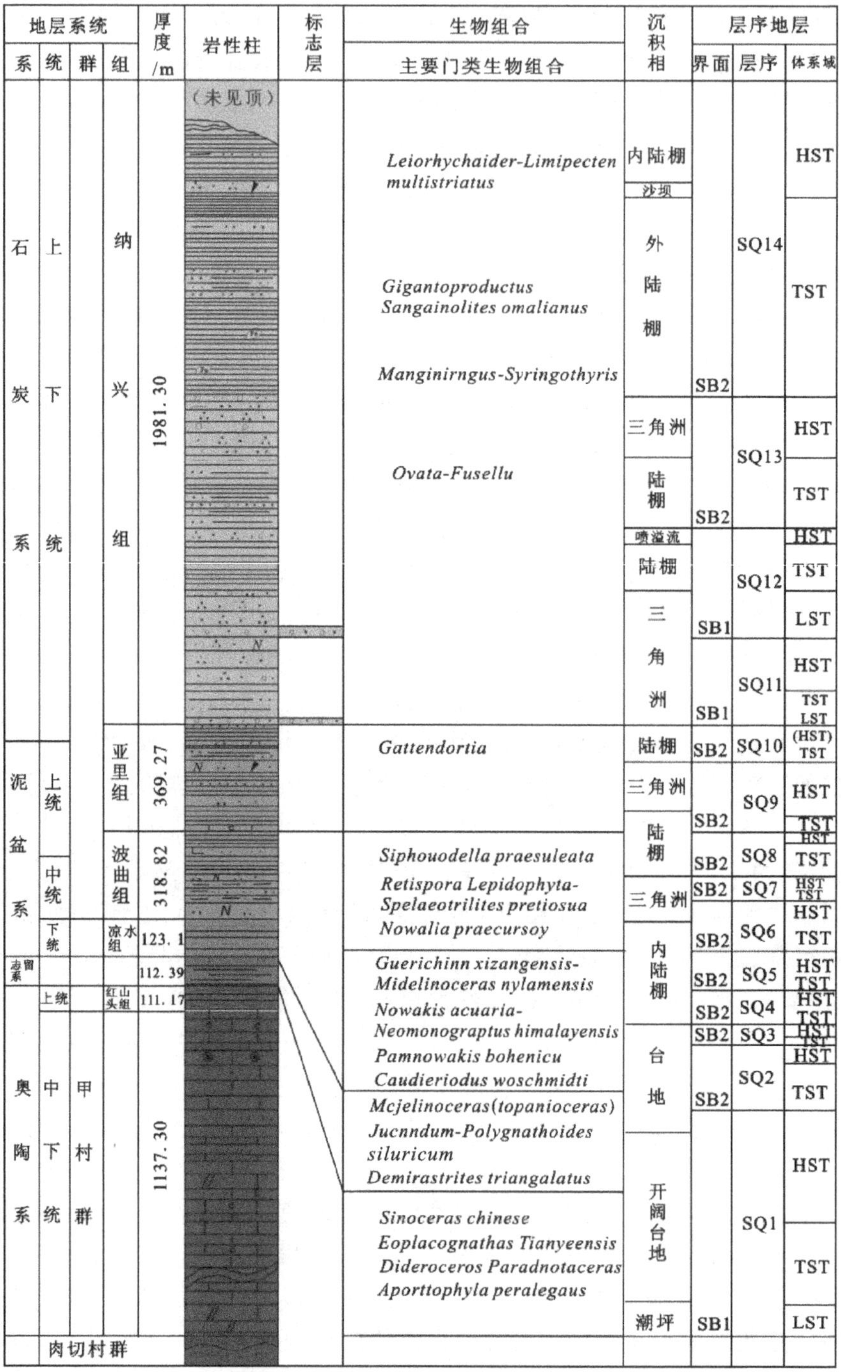

系	统	群	组	厚度/m	岩性柱	标志层	生物组合 主要门类生物组合	沉积相	界面	层序	体系域
石炭系	上下统		纳兴组	1981.30	（未见顶）		Leiorhychaider-Limipecten multistriatus	内陆棚		SQ14	HST
								沙坝			
							Gigantoproductus Sangainolites omalianus Manginirngus-Syringothyris	外陆棚	SB2		TST
								三角洲		SQ13	HST
							Ovata-Fusellu	陆棚	SB2		TST
								喷溢流		SQ12	HST
								陆棚			TST
								三角洲	SB1		LST
										SQ11	HST
									SB1		TST LST
泥盆系	上统		亚里组	369.27			Gattendortia	陆棚	SB2	SQ10	(HST) TST
								三角洲		SQ9	HST
								陆棚	SB2		TST HST
	中统		波曲组	318.82			Siphouodella praesuleata Retispora Lepidophyta-Spelaeotrilites pretiosua Nowalia praecursoy		SB2	SQ8	TST
								三角洲	SB2	SQ7	HST TST
	下统		凉水组	123.1				内陆棚	SB2	SQ6	HST TST
志留系				112.39			Guerichinn xizangensis-Midelinoceras nylamensis		SB2	SQ5	HST TST
奥陶系	上统		红山头组	111.17			Nowakis acuaria-Neomonograptus himalayensis Pamnowakis bohenicu Caudieriodus woschmidti		SB2	SQ4	HST TST
									SB2	SQ3	HST TST
								台地	SB2	SQ2	HST TST
	中下统	甲村群		1137.30			Mcjelinoceras(topanioceras) Jucnndum-Polygnathoides siluricum Demirastrites triangalatus	开阔台地		SQ1	HST
							Sinoceras chinese Eoplacognathas Tianyeensis Dideroceros Paradnotaceras Aporttophyla peralegaus				TST
								潮坪	SB1		LST
	肉切村群										

图 5-1　亚里古生代奥陶系—石炭系多重地层划分综合柱状图

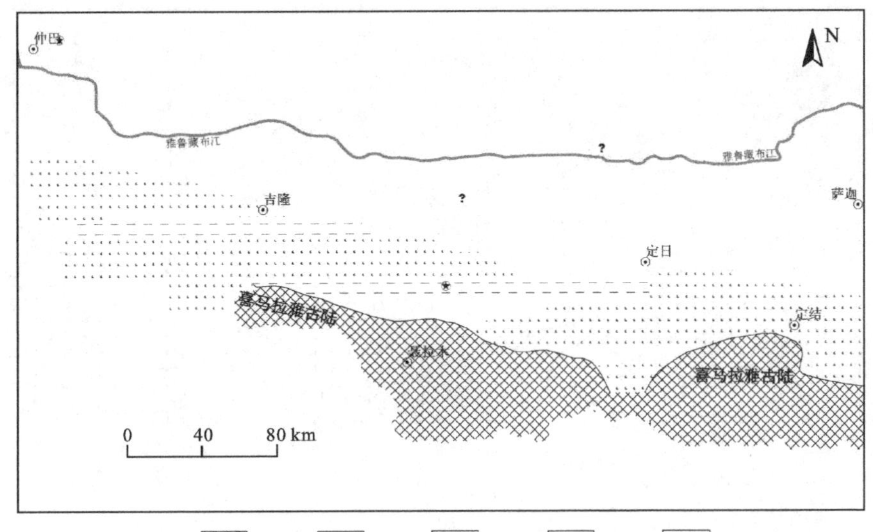

图例 1 ? 2 3 4 5

图 5-2 中晚泥盆世岩相古地理示意图

1—古陆；2—地层未出露区；3—沉积区及岩相界线；
4—北喜马拉雅浅海—滨海潮下带沉积区(以砂质为主)；5—珊瑚

期)，受冈瓦纳古大陆冰川作用的影响，自喜马拉雅区向冈底斯区侵犯，北喜马拉雅地区为与漂冰作用有关的砾石沉积，化石稀少，厚 30～300 m。晚石炭世晚期(马平期)，藏中地壳普遍有所抬升，北喜马拉雅地区处于海滨—浅海环境，主要为砂质沉积，厚约 700 m(图 5-3)。

2. 被动大陆边缘沉积环境

这是古生代向中生代地质历史过渡的重要沉积阶段，特提斯海盆在强烈的岩浆活动下形成复杂的沉积环境。早二叠世早期(栖霞早期)北喜马拉雅地区为厚约 20 m 的砂质沉积，气候寒冷，产有舌羊齿植物群。栖霞中期海侵扩大，处于浅海沉积环境，受冈瓦纳大陆寒冷气候和冰水的影响，海水水温偏低。这种气候和水温条件在喜马拉雅区延续时间较长，直至早二叠世晚期，还有 *Lytvotasma* 珊瑚动物群出现。拉轨岗日在栖霞晚期形成东西向水下隆起带，将特提斯海盆划分成南北区，其南的北喜马拉雅地区沉积物以砂、泥质为主，产冷水型动物，厚 320～630 m。拉轨岗日在栖霞晚期为泥质沉积，化石稀少，厚约 200 m。早二叠世晚期(茅口期)全区长期处于比较稳定的浅海环境，北喜马拉雅地区为砂、泥质及碳酸盐沉积，厚 50～330 m，拉轨岗日地区主要为碳酸盐沉积，厚约 200 m，生物以冷水型动物群为主体。珊瑚、腕足类相当发育，其他门类化石如双壳类、菊石、苔藓虫、海百合茎也大量出现。由于海西运动的影响，早二叠世晚期或晚二叠世早期，特提斯海向南退出，全区上

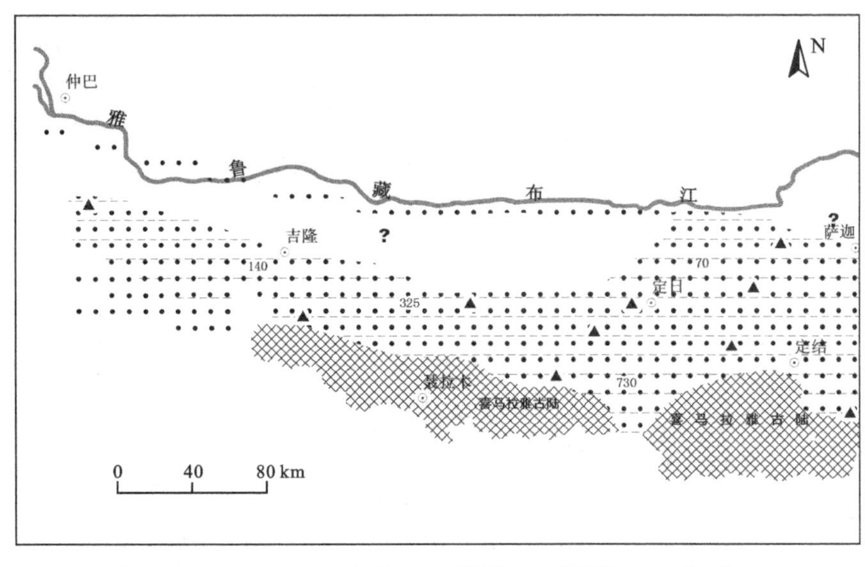

图 5-3 晚石炭世岩相古地理示意图

1—古陆；2—地层未出露区；3—沉积区及岩相界线；4—地层界线；5—腕足；6—沉积厚度

升成陆，至晚二叠世末也未再接受沉积(图 5-4、图 5-5)。

早三叠世初，冈底斯以南首先下陷成为海盆，冈底斯处于隆起状态成为分隔南北海域的中间地块。其北为北特提斯海(巴彦喀拉海)，其南为新生的喜马拉雅海(南特提斯海的雏形)。早三叠世时，北喜马拉雅地区主要为浅海碳酸盐及泥质沉积，厚 0～103 m(土隆群下组)，以浅水游泳生物为主，如菊石、双壳类及旋齿鲨等，反映了较温暖的浅海环境。拉轨岗日地区主要为含黄铁矿晶体的泥质沉积，未见生物化石，沉积厚度为 170～300 m(吕村群下部)，为较深的静水还原条件下的沉积，说明离海岸较远。中三叠世时，南特提斯海域的较深海地带向北迁移，南缘已达喜马拉雅山一带。拉轨岗日地区由早三叠世以泥质为主，变为砂泥质沉积，出现少量双壳类和菊石等游泳生物，沉积厚度为 260～450 m(吕村群上部)，说明海水已较早三叠世时变浅。北喜马拉雅地区以碳酸盐沉积为主，生物也很繁盛，沉积厚度为 259 m(土隆群中组)，这一区域在早三叠世可能露出水面的局部隆起，此时已完全沉入水中，接受沉积，标志着海侵不断扩大。此时，南特提斯海南缘可能已越过喜马拉雅山一带，到达印度地台的北缘。晚三叠世中期前后，南特提斯海迅速扩张，已具相当规模。北喜马拉雅地区生物丰富多样，以菊石为主；拉轨岗日次之，以双壳类为主，总体反映了海水自南向北逐渐加深的古地理状况。晚三

地层系统				厚度/m	岩性柱	标志层	生物地层	沉积相	层序地层		
系	统	群	组				主要门类生物组合		界面	层序	体系域
二叠系	中上统	色龙群		>413.27				内陆棚		SQ3	HST
						VB		火山岩			TST
						AC		内陆棚 分枝河道	SB2		SMST
								三角洲相		SQ2	HST
								内陆棚			TST
						AC	*Glossopteris*	分枝河道	SB1		LST
	下统		基龙组	188.68				内陆棚		SQ1	HST
								外陆棚相冰水杂砾岩			TST
						GC	*Stepanoviella*	外陆棚			
						VB		火山岩			

图 5-4 聂拉木县色龙东山二叠系剖面多重地层划分综合柱状图

叠世晚期，由于海域不断扩大，海水相对变浅，均为石英砂岩沉积，并出现含砂砾岩及植物化石的残迹。拉轨岗日地区可能有局部隆起，因而形成三叠纪和侏罗纪之间的沉积间断，而在广大地区仍为连续沉积(图 5-6、图 5-7)。

早侏罗世继承了晚三叠世的古地理轮廓，冈底斯区仍处于相对隆起状态。早中侏罗世，由于雅鲁藏布江一带海底继续扩张，冈底斯隆起以南的广大地区为一广阔的浅海—半深海环境。北喜马拉雅西部(吉隆一带)为钙泥质沉积，产少量双壳类，厚度大于 1350 m；中部定日—定结一带，为砂质及钙泥质交互沉积，产丰富的菊石、双壳类、腹足类及有孔虫等，厚 3000 余米。中侏罗世晚期，北喜马拉雅地区南部局部出现煤线及植物化石(定日县普那)，标志着一个短暂的海退时期，海水自东而西退却。晚侏罗世，雅鲁藏布江一带海底进一步迅速扩张，逐渐形成深海大洋。拉轨岗日一带的局部隆起也没入海水之下。在广阔的特提斯喜马拉雅海区，早期西部以碳酸盐沉积为主，东部则以砂泥质为主，生物均不繁盛；中晚期，拉轨岗日南北普遍沉积了一套

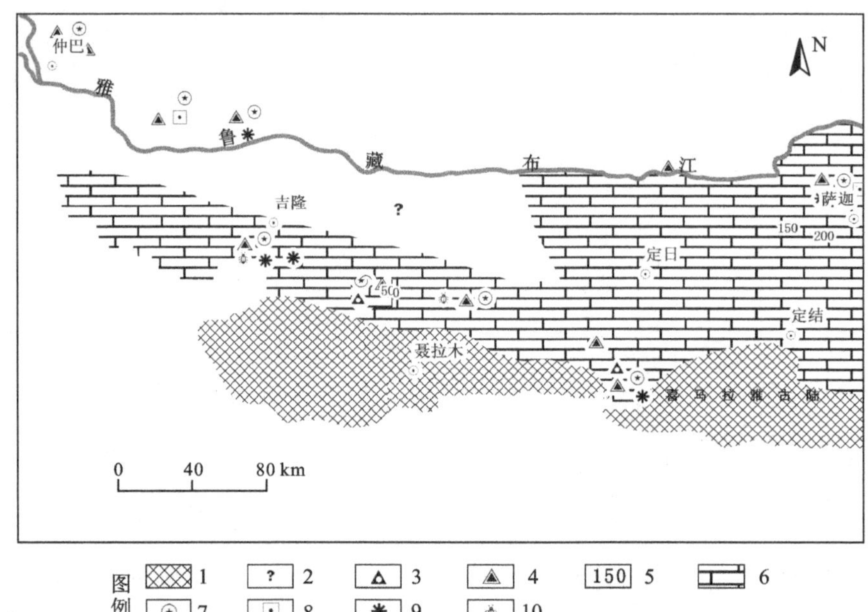

图 5-5 早二叠世晚期岩相古地理示意图

1—古陆；2—地层未出露区；3—双壳；4—腕足；5—沉积厚度；

6—拉轨岗日浅海沉积区；7—珊瑚；8—海百合茎；9—菊石；10—苔藓虫

以含结核的黑色页岩为主夹石英砂岩的浅海碎屑建造，生物也繁盛，主要有菊石、双壳类、箭石、腹足类、珊瑚、水螅及苔藓虫等。沉积物的粒度和厚度在东西方向上也有明显的变化。西部粒度细，夹较多的灰岩，沉积厚度为 380～800 m；中东部粒度变粗，夹较多的石英砂岩，甚至变为大套石英砂岩，并含有火山碎屑物质（嘎拉—多庆湖一带），沉积厚度达 1350～2000 m（图 5-8、图 5-9）。

侏罗系—白垩系在拉轨岗日南北为连续沉积，侏罗系为浅海相碳酸盐-碎屑沉积，生物化石丰富，尤以晚侏罗世的菊石群分布最为广泛。晚侏罗世晚期有海退趋势，碎屑沉积物的粒度普遍变粗，为砂岩夹页岩及含砾砂岩。但从早白垩世开始，又是一次明显的海侵过程，早白垩世的生物群（菊石、箭石）主要繁盛于东部江孜一带，萨迦以西则出现较深水沉积，生物大量减少，并含黄铁矿等指向矿物，表明拉轨岗日以北可能为当时的主要深海盆地。喜马拉雅区晚侏罗世晚期广泛的海退之后，从早白垩世早期开始了一次海侵过程，主要反映在沉积物变细，普遍出现碳酸盐岩夹层，在局部深海中出现了硅质岩及黄铁矿晶体，浮游有孔虫出现，生物突然大量减少。相反在原来较浅的海区（岗巴—亚东一带）晚侏罗世生物不发育，而早白垩世时随着海侵范围扩大，生物大量出现（图 5-10）。

地层系统				厚度/m	岩性柱	标志层	生物地层	沉积相	层序地层			磁性地层
系	统	群	组				主要门类生物组合		界面	层序	体系域	
								滨岸	SB1	SQ7	LST	
三叠系	上统		德日荣组	>705.46				三角洲		SQ6	HST	
								前三角洲	SB2		TST	
							Tulongocardaum pluriradiatum-palacocardnta mansuyi	三角洲		SQ5	HST	
								前三角洲			TST	
								分枝水道	SB2		SMST	
			曲龙共巴组	645.31		Re		三角洲		SQ4	HST	
								外陆棚	SB2		TST	
							Pinacoceras metternichi	席状砂		SQ3	HST	
							Cyrtopleurites bierenatus *Indojuvavites angulatus* *Discophyllites patens* *Nodotibetites nodosus* *Parahauerites acutus*	外陆棚	SB2		TST	
	中下统	土隆群		592.61			*Hoplotropites* *Protrachyceras ladinum*	潮道 浅滩 内陆棚		SQ2	HST	
							Paraceratites trinodosus *Anacrocherdicems nodesus*	浅滩	SB2		TST	
							Lenotropites-Japonites *Tirolites-Procarnites*	陆棚		SQ1	HST	
							Owenites-Meekoceoas *Gyromtes psilogysus* *Ophicesas saknntala* *Otoceras latilobatum*	外陆棚	SB2		TST	
二叠系	中上统	色龙群		>147.04				内陆棚			HST	

图 5-6 土隆三叠系剖面多重地层划分与对比综合柱状图

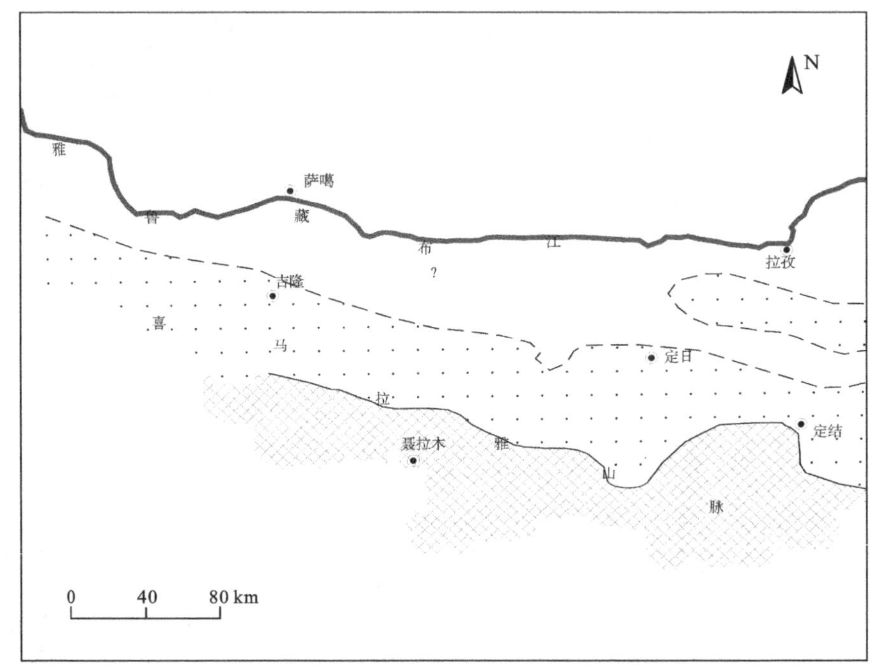

图例 1 2 3

图 5-7 晚三叠世晚期岩相古地理示意图

1—古陆;2—后期剥蚀区;3—地层未出露区

3.周缘前陆盆地沉积环境

自晚侏罗世以来,由于唐古拉海区逐渐升起为陆,北特提斯海水大规模地向南侵漫,至早白垩世时,海水已越过冈底斯隆起侵入南特提斯海域,使喜马拉雅区发生了广泛的海侵,从而使三叠纪以来长期分隔的南北海域归于统一。广大的喜马拉雅海域,以拉轨岗日一带为界,大致显示南、北两个沉积地带,保护区位于南沉积带,以定日—岗巴为代表,早中期均以砂泥质为主,少量钙质,生物以菊石、双壳类等游泳生物为主,沉积厚度约 200 m,为较深浅海环境,并大致持续到晚白垩世早期。早白垩世晚期至晚白垩世早期,由于印度洋开始扩张,印度板块向北漂移,特提斯海开始闭合。随着印度板块洋壳向北俯冲,在冈底斯陆块南缘产生了一个俯冲削减带,形成弧-沟系统。在冈底斯南缘的弧前盆地中开始形成以浊流沉积为特征的"始复理石"建造(日喀则群恰布林组和桑祖岗组),并出现大量有孔虫(圆笠虫)、双壳类、腹足类、腕足类、珊瑚、海百合茎等,反映了浅海陆棚环境,并显示出南北海域在沉积和生物群面貌上仍有差异。晚白垩世晚期,由于印度板块的洋壳继续向北俯冲、下插,冈底斯一带的地壳抬升,并伴有火山喷发活动。冈底斯南缘的弧前

地层系统				厚度/m	岩性柱	标志层	生物地层	沉积相	层序地层		
系	统	群	组				主要门类生物组合		界面	层序	体系域
侏罗系	上统		门卡墩组	>2303.25				鲕粒浅滩、潮间	SB2	SQ7	TST
								潮间、潮下、潮道	SB2	SQ6	HST、TST
							Reineckeia-Phylloceras	潮间、内陆棚	SB2	SQ5	HST、TST
	中统	聂聂雄拉群	拉弄拉组	636.70			Macrocephalites-Indocephalites 菊石组合 Grammatodon-Posidonia	内陆棚	SB2	SQ4	HST、TST
							Witchelliatibetica-Cymatorhynchia quadriplicata		SB2	SQ3	HST、TST
	下统		普普嘎组	539.10			Gleviceras-Sulcifenites	潮道、潮间、潮下	SB2	SQ2	HST、TST
							Schlothemia-Astarte delicata Psiloceras	潮道、潮下	SB2	SQ1	HST、TST
								三角洲			HST

图 5-8　聂聂雄拉侏罗系剖面多重地层划分与对比综合柱状图

盆地中，继续沉积了较典型的复理石建造（日喀则群昂仁组和曲贝亚组）。雅鲁藏布江以南的喜马拉雅区，海水由深变浅，出现海退。拉轨岗日以南，沉积物由富含大量浮游有孔虫的较深水碳酸盐岩（宗山组）变为较浅水沉积的石英砂岩（基堵拉组）。无论拉轨岗日南北，生物群均由繁盛到急剧减少。至晚白垩世末，除北喜马拉雅地区、雅鲁藏布江一带和申扎—措勤地区的局部地带还有规模不等残留海域继续接受沉积外，其他地区均已逐步发生海退和开始上升成陆（图 5-11、图 5-12）。

进入新生代，最重要的地质事件是印度古陆和冈底斯古陆的最终碰撞，特提斯喜马拉雅海消亡和高原整体隆起，反映这一过程的沉积记录变化极为复杂多样。古近纪古新世至始新世，尽管较为短暂，但是喜马拉雅南北地带从

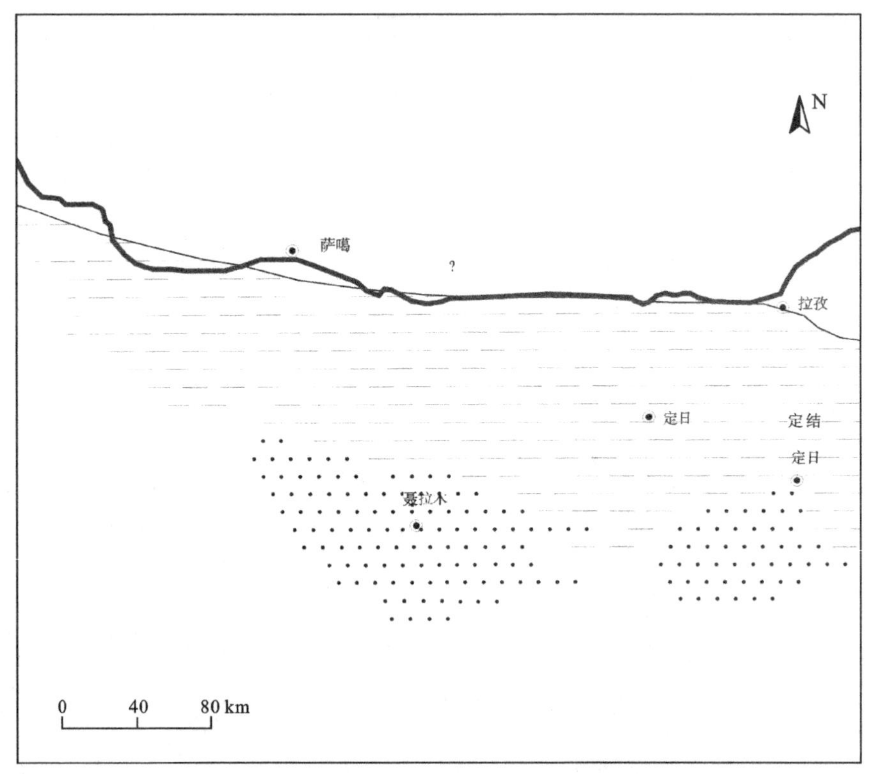

图例 1 2 3

图 5-9 晚侏罗世岩相古地理示意图

1—古陆及隆起;2—沉积区及岩相界线;3—地层未出露区

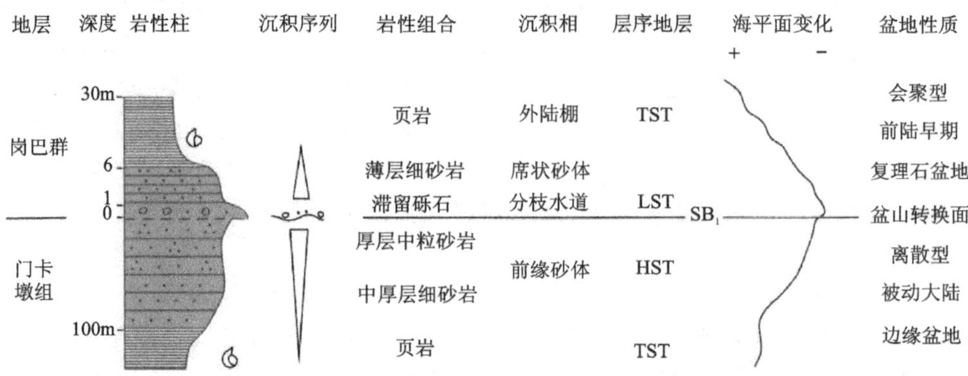

图 5-10 侏罗系与白垩系之间的盆山转换界面的性质和特征

地层系统				厚度/m	岩性柱	生物地层	沉积相	层序地层			磁性地层
系	统	群	组			主要门类生物组合		界面	层序	体系域	
白垩系	上统		宗山组	>409.78		*Neithea aequicostata-Bournonia tibetica* *Globotruncana ventricosta-Gl.tricarinata*	开阔台地		SQ5	HST	
							内陆棚	SB2		TST	
						Globotruncana renzi-G. carinata	开阔台地		SQ4	HST	
		岗巴群	上组	788.65		*Inoceramns flatus-Hedbergella murphi* *Rotalipara appenninica-R. greenhorensis*	外陆棚	SB2		TST	
	中统					*Diplocras cristatum-Ticinella roberti*	内陆棚		SQ3	HST	
							外陆棚	SB2		TST	
						Hypacanthoplites xizangensis-Ledbergella trocoidea	内陆棚		SQ2	HST	
							外陆棚	SB2		TST	
							内陆棚		SQ1	HST	
							外陆棚			TST	

图 5-11 定日美母白垩系中上白垩统剖面多重地层划分与对比综合柱状图

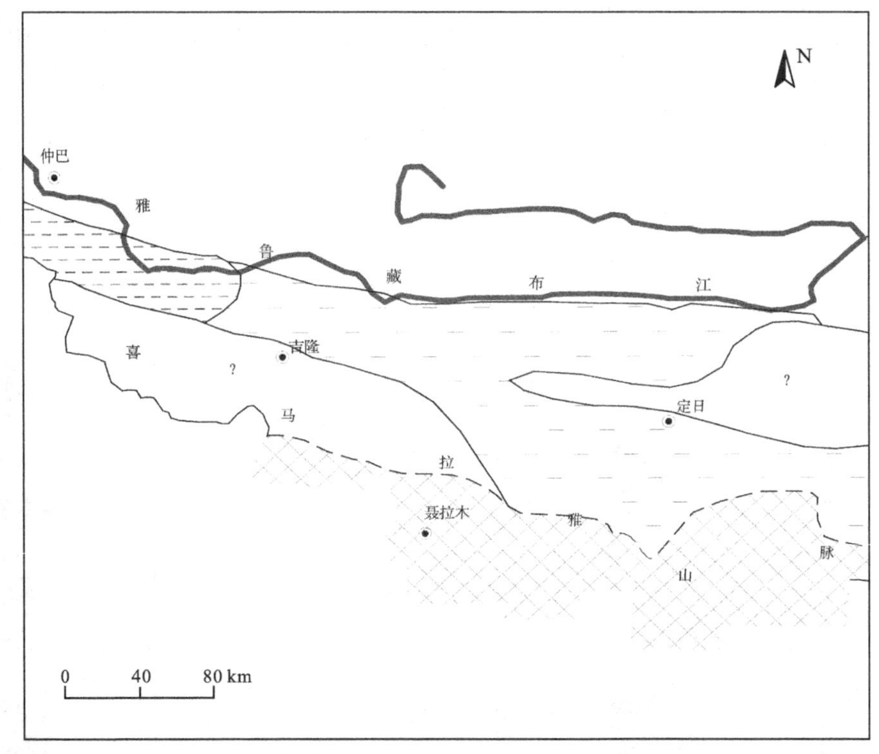

图例 1 2 3

图 5-12 晚白垩世晚期岩相古地理示意图

1—古陆；2—沉积区及岩相界线；3—地层未出露区

海域环境转为陆地环境的重要阶段，逐渐由周缘前陆盆地沉积环境转变为暴露在陆地之上的陆相环境。因此，从地层层序来看，古新世至始新世主要为海相沉积类型。这一时期，随着印度板块的洋壳继续向北俯冲和南北陆壳开始碰撞，喜马拉雅海域进一步缩小，海水主要限于喜马拉雅至雅鲁藏布江一带。古新世至始新世早期，北喜马拉雅东部（岗巴、堆纳）主要为钙、泥质沉积，厚 350～383 m（止不日组），生物再度繁盛，以有孔虫类最为丰富，其次有藻类、双壳类、腹足类、腕足类、鹦鹉螺、珊瑚、介形虫和水螅等，反映了较温暖的浅海沉积环境。古新世末至始新世初，雅鲁藏布江一带海水变浅，沉积了大量碎屑物质。始新世早中期海水已全部退至北喜马拉雅一带，反映了冈底斯一带进一步隆起，并在其南麓堆积了一套陆相含煤磨拉石沉积（秋乌组）。北喜马拉雅一带至始新世中晚期海水才全部退出，表明南北陆壳最终碰撞并开始了全面上升的历史（图 5-13、图 5-14）。

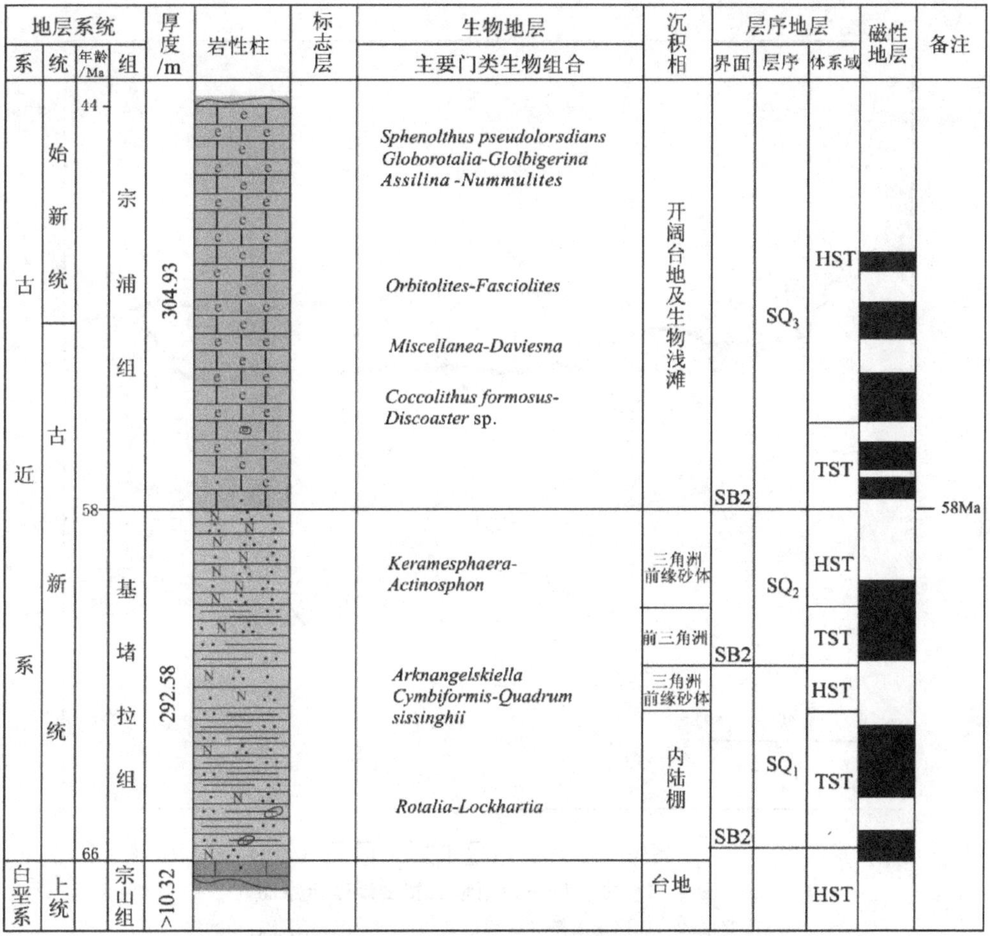

地层系统				厚度/m	岩性柱	标志层	生物地层	沉积相	层序地层			磁性地层	备注
系	统	年龄/Ma	组				主要门类生物组合		界面	层序	体系域		
古近系	始新统 / 古新统	44–58	宗浦组	304.93			*Sphenolthus pseudolorsdians* *Globorotalia-Glolbigerina* *Assilina -Nummulites* *Orbitolites-Fasciolites* *Miscellanea-Daviesna* *Coccolithus formosus-Discoaster* sp.	开阔台地及生物浅滩	SB2	SQ_3	HST TST		58Ma
	古新统	58–66	基堵拉组	292.58			*Keramesphaera-Actinosphon*	三角洲前缘砂体		SQ_2	HST		
								前三角洲	SB2		TST		
							Arknangelskiella Cymbiformis-Quadrum sissinghii	三角洲前缘砂体		SQ_1	HST		
							Rotalia-Lockhartia	内陆棚	SB2		TST		
白垩系	上统		宗山组	>10.32				台地			HST		

图 5-13 定日贡扎古近系剖面多重地层划分与对比综合柱状图

4. 造山环境

从渐新世开始，喜马拉雅地区全部成为陆相沉积。冈底斯南麓的山前地带，为呈带状延伸的含火山物质的磨拉石堆积（大竹卡组），超覆于秋乌组及更老地层和岩体之上。沉积物主要来自北侧冈底斯山一带，中新世末冈底斯一带的海拔在 1500～2000 m，植物群以亚热带阔叶、落叶林占优势，代表亚热带的湿润气候，具有古地中海气候特色。喜马拉雅区仅在雅鲁藏布江一带的拉孜—白朗一线，有东西延伸的狭长带状的河湖相断陷盆地沉积，局部夹有煤线，但不在保护区范围内。上新世时随着冈底斯和喜马拉雅山先后升起，沉积盆地逐渐向南迁移。雅鲁藏布江以南至喜马拉雅山之间的广大地区，仅在西部聂拉木—吉隆一带有小型河湖相-湖沼相含褐煤碎屑沉积（吉隆组）和

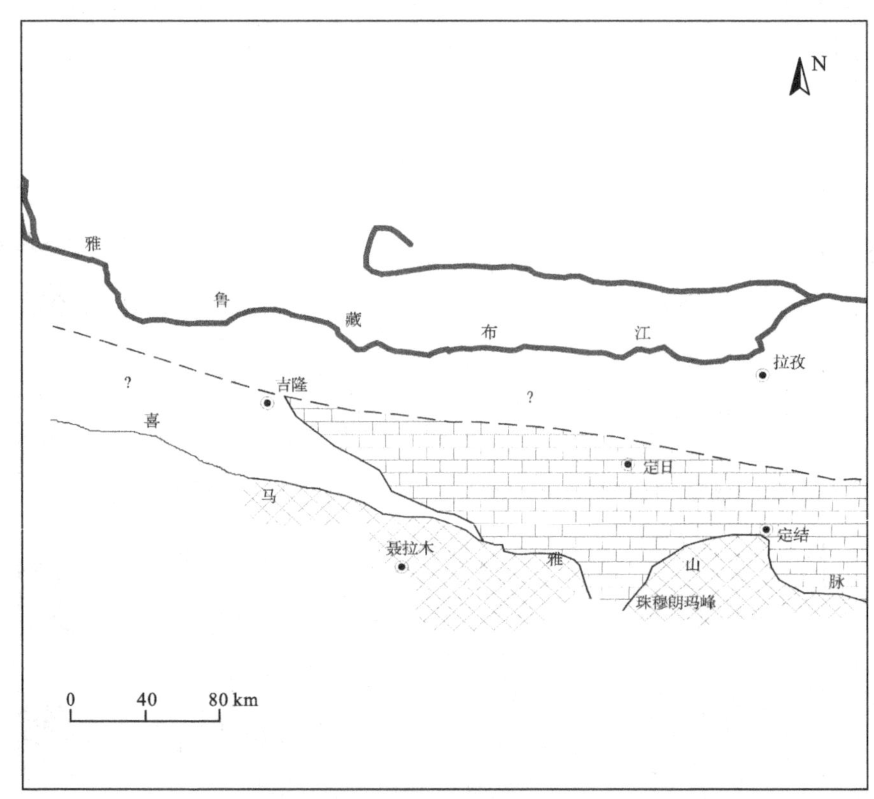

图例 1 2 3

图 5-14 古新世—始新世岩相古地理示意图

1—隆起区；2—地层未出露区或后期剥蚀区；3—沉积区及岩相界线

河湖相碎屑沉积(野博康加勒群)。根据吉隆盆地上新世中期三趾马动物群及孢粉资料推断,当时吉隆一带的海拔在或不超过1000～1300 m,而现在的高度却在4100～4300 m。动物群的性质与我国北方相同,而与紧邻的西瓦里克同期动物群不同。说明当时喜马拉雅山的高度已起到阻隔南北动物群的屏障作用(黄万波,1980)。根据希夏邦马峰北坡上新世晚期高山栎植物群推断,当时喜马拉雅山一带海拔不超过2500 m。而目前化石层所在的高度为5700～5900 m。据此认为喜马拉雅山区自上新世晚期以来,上升幅度约为3000 m以上。因此,这一区域地壳大规模快速升起,成为今天的“世界屋脊”,是古近纪晚期以后的重大事件(图5-15)。

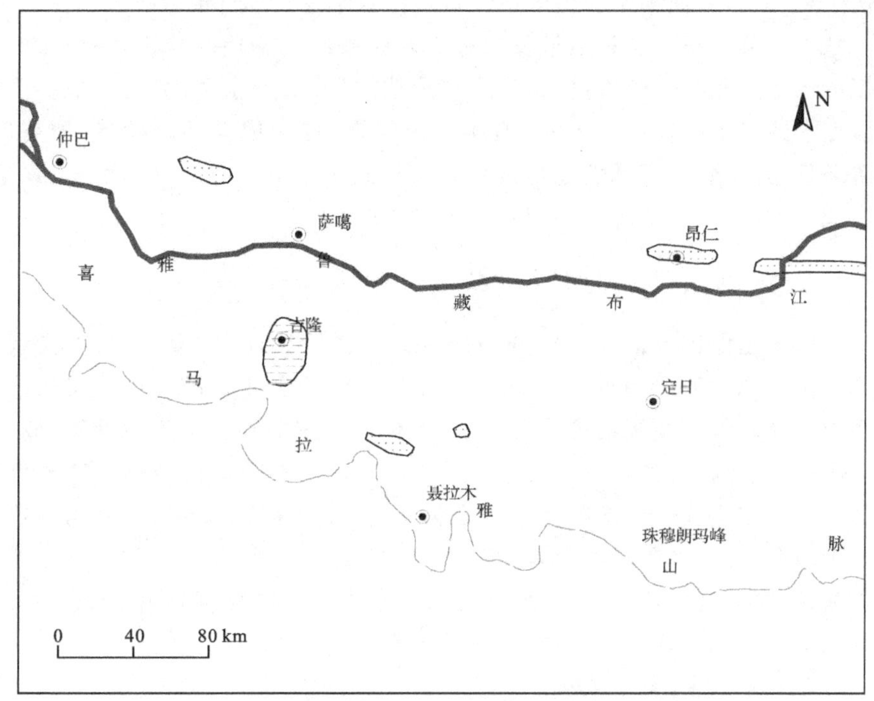

图例 1 2 3

图 5-15 上新世岩相古地理示意图

1—细碎屑沉积(湖泊相);2—粗碎屑沉积(河湖相);3—研究区界线

5.2 成景过程

保护区三大地学景观体系域空间跨度极大,但空间布局明确,各景观体系域内部也有十分典型的、能代表本体系域地学特征的标志性景点。本节在上述古环境分析的基础上,结合地学景观的现代面貌,分析景观形成过程,以使读者更好地掌握保护区地学景观结构和成景机理。地学景观是地表岩石圈在内外营力综合作用下经过漫长的地质年代而表现出现今的面貌。青藏高原享有"世界屋脊"的称号,而这一顶"屋脊"的至高"脊柱"——喜马拉雅山脉,则是在大约 2 Ma 以来迅速崛起而成的,与漫长的地质历史大河相比,2 Ma充其量就是一条短暂的小溪,但雄伟而连绵的喜马拉雅山脉确是现今世界上仅有的壮阔景观。珠峰自然保护区地学景观极好地展示了这一景观的产生、成长、发展、迅速崛起的全过程,本节以成景地层的形成过程和造山隆升过程为主线,梳理保护区地学景观形成阶段以及各阶段对现代地学景观面貌的主要作用，从而揭示保护区地学景观的科学意义和价值。

从上一节对喜马拉雅地带及周边主要区域的成景环境分析来看，大时间尺度的成景过程有三个阶段：成景地层形成阶段、山谷定型阶段、构造抬升阶段。而在这三个阶段中，又各自有多个成景期，各个成景期因构造、地层、气候等条件的演化，而继承性地塑造着各种景观。本节以“成景阶段—成景期”的方式，结合标志性地质事件记录分析成景过程。

5.2.1 成景地层形成阶段

本阶段是保护区地学景观的地层基础形成阶段，历时漫长，具有时代演进特征的标志性地质事件是划分本阶段成景期的主要标准。这一阶段发生的重要地质事件有冈瓦纳古陆裂解、印度板块和拉萨地体形成以及喜马拉雅造陆事件，使得喜马拉雅南北地区，历经古生代—中中生代被动大陆边缘沉积体系和晚中生代—早新生代周缘前陆盆地沉积体系，奠定了“喜马拉雅造山带”地层基础。本阶段的成景期有 4 期：基底形成期(前寒武纪)、稳定陆表海沉积期(寒武纪—泥盆纪)、大陆裂谷—被动大陆边缘沉积期(石炭纪—侏罗纪)、周缘前陆盆地期(白垩纪—古近纪)。

1. 基底形成期(前寒武纪)

“基底”是保护区乃至喜马拉雅地区最早形成的一套岩系，在前寒武纪的漫长时期，这套岩系隶属于冈瓦纳大陆北缘陆壳基底，其原岩可能为砂泥质复理石建造夹碳酸盐岩建造和火山沉积岩建造，同构造基性-酸性岩浆活动发育，其同位素年龄值分别为 1250 Ma 和 2250 Ma(许荣华等，1986)。而岩浆活动一直延续到新元古代，因此“基底”结晶经过了漫长的历史时期，最终在晋宁运动(距今 10 亿～8.5 亿年)时期形成了结晶基底。晋宁期在形成结晶基底的同时，伴随着强烈的构造变形，形成了这一套岩系，是地质发展史上的第一期区域动热变质作用(距今 2250～1100Ma)，产生现今高喜马拉雅地区广泛分布的聂拉木岩群。新元古代中期(距今 664～644 Ma)，受泛非运动影响，结晶基底发生了褶皱变形并发育区域变质作用，指示新元古代发育第二期区域热流变质作用，即为现今聂拉木岩群之上，被强烈褶皱和冲断的肉切村岩群。此后，冈瓦纳古陆的地壳活动趋于平静，大地构造格局发生了质的变化，地质历史从“基底”成型进入了沉积盖层阶段。

高喜马拉雅地学景观体系域内的这一套变质岩系，在我国境内实际出露的仅有一小部分，且位于东西向褶皱的北翼，而绝大部分出露在尼泊尔境内的低喜马拉雅山区。基底变质岩明显具有结晶基底和褶皱基底的双重结构，是前寒武纪基底形成期的主要地质标志。

2. 稳定陆表海沉积期(寒武纪—泥盆纪)

泛非运动形成了冈瓦纳超级古大陆,随着前奥陶纪长期风化剥蚀、夷平地质作用和奥陶纪早期的海侵作用,冈瓦纳大陆北缘总体上表现为一个向北、北东平缓倾斜的浅水陆表海沉积格局,沉积环境以浅水碳酸盐岩台地、浅水陆棚和三角洲为主。沉积建造发育碳酸盐岩建造和陆源细碎屑岩建造,局部层位发育粗碎屑岩建造。海平面上升与下降幅度均不大,属较稳定的高频震荡范畴。

奥陶系碳酸盐岩建造和志留系—泥盆系陆源碎屑岩建造在现今高喜马拉雅、北喜马拉雅和拉轨岗日地学景观体系域内都有分布,构造恢复表明,奥陶系—泥盆系之间没有明显的沉积间断面,早晚古生代之间为连续型沉积接触。

3. 大陆裂谷—被动大陆边缘沉积期(石炭纪—侏罗纪)

这一沉积期的主要地质事件即随着地壳近南北方向拉伸作用的增强,冈瓦纳超级古陆不断裂离和分解,形成古特提斯洋,拉萨地体从冈瓦纳古陆分离与现今藏北地区拼合,随后古特提斯洋向新特提斯洋转化。

古特提斯洋的最大特征是发育大陆拉张——大陆初始裂谷盆地沉积。石炭纪、二叠纪,大陆裂谷型玄武岩广泛分布于北喜马拉雅特提斯沉积岩带内。这一时期的沉积记录,极好地保留在现今北喜马拉雅地学景观体系域中。石炭纪发育的大套黑色页岩建造沉积地层厚度侧向变化巨大,底部因发育三角洲分枝河道相复成分砾岩而与下伏亚里组呈假整合接触关系,岩性极其不协调是石炭纪裂陷型裂谷盆地早期沉积最基本的特征。二叠纪发育陆源细屑岩建造夹陆源粗屑岩建造和中基性火山岩建造,顶部发育碳酸盐岩建造,海平面变化明显地经历了两次较大级别的上升和下降过程。二叠纪最重要的地质事件就是大陆裂离和裂谷。大型裂谷型玄武岩自西向东出露于吉隆沟、聂拉木县色龙、要加扎克、古热等地,定日县巴松、曲布等地具有含丰富基性火山岩岩屑的岩屑砂岩,此外,向西的尼泊尔北部、Zanskar 和克什米尔 Panjal 地区,向东延至东喜马拉雅的 Abor 地区,暗示了喜马拉雅北坡东西向长达 2000 km 范围内都具有二叠纪火山喷发活动,并且明显具有西强东弱的趋势,岩浆作用具有相同或相似的性质和喷发构造环境,这种岩浆事件与二叠纪大陆裂谷作用密切相关(朱同兴等,2002)。它直接导致了沉积盆地内一系列地堑型正断层的发育,导致了中基性火山岩和火山碎屑岩(凝灰岩)的喷发活动。

以 250 Ma 发生的大规模海侵事件为标志,喜马拉雅特提斯由于地壳的强烈伸展而进入被动大陆边缘,在定日—岗巴地区形成同沉积伸展断层,向北至雅鲁藏布地区形成洋壳沉积环境，发育基性-超基性岩石组合，三叠纪和侏罗纪共同演绎着两个类似的巨大的海侵—海退沉积旋回序列。早中三叠世以海侵型碳酸盐岩建造沉积为特征；晚三叠世卡尼—诺利期以海侵型陆源细屑岩建造沉积为特征；瑞替期则以海退型陆源粗屑岩建造沉积为特征，从而构成了三叠纪海侵—海退旋回沉积序列。早中侏罗世以滨海相碳酸盐岩建造、陆源粗屑岩建造和混积岩沉积为特征，砂质灰岩、鲕粒灰岩和高成熟度滨岸三角洲相、Skolithos 细粒石英砂岩是早中侏罗世发育的特征性岩石类型。晚侏罗世大地构造特征、沉积地层记录和构造古地磁数据均表明，喜马拉雅特提斯海底扩张速度明显加快，三叠纪—侏罗纪向北漂移平均速率为 0.3 cm/a，到晚侏罗世上升为 1.24 cm/a。海底快速扩张在构造上导致定日-岗巴等一系列同生断裂的发育、海底热液的出现、盆地基底的快速下沉、大陆壳变薄和洋壳产生；在沉积记录上导致海平面的快速上升和深水型细屑岩建造、碳酸盐岩建造的发育以及海底热液沉积物(叠锥构造灰岩)的发育，其中在深水型碳酸盐岩中发育滑塌构造和滑塌角砾沉积，在深水型细屑岩中发育类似“等深积岩”的牵引流沉积透镜体(刘宝珺等，1983)。侏罗纪末，浅水型陆源粗碎屑岩建造沉积体表明海平面变化经历了一次快速下降事件。晚侏罗世由海底快速扩张导致的海平面上升并不是喜马拉雅特提斯构造域的一次孤立地质事件，而是具有全球地质背景，在大西洋、太平洋都有类似情况发生。

4.周缘前陆盆地期(白垩纪—古新世)

早白垩世贝里亚斯期，由于雅鲁藏布洋盆中水下逆冲造山楔(冈底斯岛弧早期雏型)向南加载于印度板块北缘被减薄的陆壳或者是过渡壳之上，引起前陆地区岩石圈发生挠曲变形，并产生区域性构造基底沉降，从而造成相对海平面快速而大幅度的上升，盆地可容空间加大，形成向上急剧加深的深水细屑复理石建造和黑色页岩建造沉积。随着水下逆冲造山楔前缘逆冲带的不断生长，造成了早期前陆盆地基底地形的重大改变，由先向北倾斜的较平坦的被动边缘盆地基底地形转化为复杂的前陆盆地基底地形，包含若干个近东西向排列的由水下隆起和坳陷构成的构造小盆地，类似的复杂型早期前陆盆地基底地形也发育于瑞士北阿尔卑斯地区。在这个时期最明显的地质事件是侏罗系与白垩系之间的盆山转换面(图 5-10)。在北喜马拉雅前陆地区主要发育深水泥质复理石建造和黑色页岩建造沉积，底部与侏罗系被动大陆边缘沉积物呈假整合接触关系。斜坡扇组合、海底扇组合等重力流事件沉积发育，表明构造活动日趋强烈，从而形成重要的区域假性整合界面。现今定日县下白垩统古错组和甲不拉组发育基性火山岩和中酸性火山岩，岩石地球化学特征证实它们为岛弧型火山岩性质，与雅鲁藏布江缝合带所发现的同期岩石岩性相同。其构造意义重大，表明早白垩世在北喜马拉雅前陆地区确实存在一个水下逆冲造山楔增生体，在印度板块北缘形成了一个规模不大的呈点状分布的水下岛弧链。在前陆晚期海相磨拉石沉积的同时，构造变形作用日趋强烈，在弧-陆强烈碰撞造山的地球动力学背景下，弧-陆呈线形或面形挤压碰撞，形成了复杂的薄皮逆冲构造和褶皱构造体系。

5.2.2　山谷定型阶段

自新特提斯洋盆开始萎缩以来，就进入了5幕喜马拉雅造山运动过程（万管一等，1989），而本阶段是喜马拉雅山体定型的重要阶段，经历了喜马拉雅运动第2幕和第3幕，即山谷定型期（始新世—中新世）。

随着印度板块与欧亚板块碰撞作用的加强，喜马拉雅特提斯海最终在始新世晚期（距今约40 Ma）封闭。从此喜马拉雅地区完全进入了陆-陆碰撞期，即喜马拉雅造山运动新阶段。在这个过程中，印度板块不但没有停止向拉萨地块俯冲，而且以更强烈的继生性陆内俯冲的形式继续进行造山活动（邓万明，1995）。强烈的喜马拉雅造山运动不但表现在多次构造形迹的叠加，而且表现在岩浆活动和变质作用等方面。喜马拉雅北坡在这个过程中形成了一系列断陷盆地沉积，现今以古错盆地、定日盆地、长所盆地为代表，堆积了一套以新近系为主的类磨拉石粗碎屑沉积物地层，与下伏古近系海相地层呈构造不整合接触关系。

大量研究证据表明，喜马拉雅地区在喜马拉雅运动第2～3幕中，包含了三期构造变形、三期变质作用和两期岩浆活动等地质事件。第一期构造变形发生在始新世中晚期（距今45～35 Ma），是印度板块与欧亚板块相互碰撞，脱离海盆环境，转为陆-陆碰撞之后发生的大规模构造掩埋，以南北向强烈挤压为主，发育大规模薄皮逆冲和褶皱构造，在拉轨岗日构造带、高喜马拉雅地区发育地壳重融型中酸性花岗岩体强力侵位，同位素年龄一般为42～46 Ma，使地壳增厚并促使中温-中高压变质事件发生（Hodges，2000）。第二期构造变形发生在中新世中期（距今20～10 Ma），是喜马拉雅造山运动最强烈、最重要的一期构造变形，基本奠定了现今景观轮廓。这一期的构造活动以大规模逆冲断裂活动和岩浆作用、变质作用以及南北向伸展拆离作用同时存在为特征。南北向挤压形成一系列断面北倾的向南逆冲的叠瓦构造——MBT（藏南拆离断裂）、MCT（主中央逆冲断裂）和褶皱构造。中新世在喜马拉雅北坡形成了一系列近南北向展布的断陷盆地，如吉隆盆地、达涕盆地等，盆地边界多为南北向张性断裂，盆地中堆积中新世—更新世河湖相-冲洪积相沉积物地层。第三期构造变形主要以缓慢抬升和风化剥蚀为主，构造变形强度较弱，岩浆活动不发育，变质作用以退变质事件为主。

5.2.3 构造抬升阶段

本阶段历时最短，从地质历史来看，与新构造运动的时间一致。自上新世末至第四纪，在第二阶段山谷定型的基础上对山体进行加高加深，带有大尺度的剥蚀、夷平等景观改造作用。

上新世末—早更新世的喜马拉雅运动第 4 幕(距今约 2 Ma)，MBT/MCT/STDS 上下盘渐次掀升，叠瓦状断裂带继续向南逆冲，岩浆活动不再发育，风化剥蚀作用开始塑造山体内各单体景观，冷杉、雪松反映的冷湿气候逐渐转为干冷的大陆性气候。距今 1.9～1.7 Ma 的南部水系吉隆藏布、波曲切穿山脊，袭夺吉隆、达涕古湖盆，结束了上新世沃马组沉积历史(王德朝等，2009)，研究区景观格架整体定型。

第四纪以来为喜马拉雅运动第 5 幕(距今约 1.8 Ma)，持续的南北向压应力导致断裂带岩体北倾，使喜马拉雅地区不均衡隆升达 3100～3500 m，STDS 上盘山体高达 4000 m 以上。重力作用将脆弱岩体削成断块山，主脊线上形成高峰群，山谷地带形成断坡，奠定瀑布地形基础。印度季风携带大量水汽沿谷地攀升，但被北景区高大山体阻挡。暖湿的海洋性气候和干冷的大陆性气候在谷地南北共存，产生亚热带—寒带完整的山地垂直带谱，海洋性冰川随海拔升高转为大陆性冰川。

5.3 景观成因演化与形成机理

珠峰自然保护区位于喜马拉雅山脉中段，景观成因机理是由喜马拉雅中段的褶皱和断裂的时空展布关系决定的。同时，新构造运动在景观最终形态塑造上起到了关键性的作用。

如图 5-16 所示，保护区景观成因演化共分 5 个时期：基底形成期(前寒武纪)、稳定陆表海沉积期(寒武纪—泥盆纪)、大陆裂谷—被动大陆边缘沉积期(石炭纪—侏罗纪)、周缘前陆盆地期(白垩纪—古近纪)、造山隆升期(始新世—第四纪)。1—3 期为冈瓦纳古陆裂解、印度板块和拉萨地体形成，历经古生代—中中生代被动大陆边缘沉积体系和晚中生代—早新生代周缘前陆盆地沉积体系，奠定“喜马拉雅造山带”地层基础。4—5 期为 5 幕喜马拉雅运动时代，1—2 幕盆山转换和造陆作用定格喜马拉雅山谷轮廓，吉隆-波曲谷地具备准高原地势;3 幕形成高原雏形(王德朝等,2009),确立以 MCT-STDS 叠瓦状断裂带分界的景观阶梯;4—5 幕第四纪新构造运动确定山体高度,风化剥蚀、河流侵蚀、冰川融冻以及印度季风气候等外营力塑造谷地内单体景观形态。

前寒武纪喜马拉雅湮没于冈瓦纳大陆北缘陆壳基底,缓慢北向运动使地壳褶皱隆起或断陷(图 5-16A)。中—新元古代(距今 2250～1100 Ma)晋宁运动产生第一期褶皱构造和区域热动变质作用,形成现今喜马拉雅南坡广泛分布的聂拉木岩群。新元古代(距今 859～819 Ma)地层挤压变质及生成断陷盆地,逐渐沉积厚度达 1800 m 的肉切村岩群。新元古代中期(距今 664～644 Ma),澄江构造运动和泛非运动产生第二期热变质作用,形成南景区结晶变质基底。

早奥陶世海平面上升,自冈瓦纳古陆裂离的印度板块北缘沉入古亚洲洋浅水陆表海之下(图 5-16B)。晚寒武纪,印度板块北缘陆壳伸展裂解,形成裂陷海槽,稳定沉积至泥盆纪,并连续沉积奥陶纪碳酸盐岩、志留纪—泥盆纪陆源碎屑岩,时间长达 130 Ma。

早石炭纪,印度板块北部裂陷海槽发育为大陆裂谷,二叠纪火山喷发促使拉萨地体分离,形成古特提斯洋(图 5-16C)。早三叠世(距今约 250 Ma)大规模海侵和地壳强烈伸展,使古特提斯洋向新特提斯洋演化、大陆裂谷向被动大陆边缘演化,沉积现今北景区的石炭纪至侏罗纪地层。晚侏罗世海底扩张加快,预示了被动大陆边缘沉积模式即将结束。

早白垩世印度板块向拉萨地体猛烈俯冲,新特提斯洋盆开始萎缩,进入喜马拉雅运动第 1 幕(距今 95～60 Ma)。活跃洋底火山喷发造就一个向南逆冲的水下造山楔(冈底斯岛弧早期雏形),马斯特里赫特阶(距今约 70 Ma)印欧板块碰撞产生巨大抬升动力,至古新世将造山楔抬出海面。被动大陆边缘因海相磨拉石充填而形成前陆盆地,原向北的古水流改为南、北两向(图 5-16D)。高喜马拉雅地区在盆山转换过程中的代表性构造形迹是寒武纪—侏罗纪地层先后形成贡当-棍打复式背斜,北喜马拉雅地区形成聂聂雄拉-古错-浦拉向斜,反映了由北向南逆冲架势和由弱至强的褶皱活动。

始新世—渐新世喜马拉雅运动第 2 幕(距今 45～25 Ma)印欧板块完全陆-陆碰撞,产生强烈造陆动力,始新世中期(距今约 40 Ma)新特提斯洋闭合,“特提斯喜马拉雅”脱离浅海环境上升成陆。通过喜马拉雅运动第 1～2 幕盆山转换和造陆事件,喜马拉雅地区显现出山谷轮廓,现今的珠峰自然保护区形成了准高原地势。

中新世为构造变形最强烈、最重要的喜马拉雅运动第 3 幕(距今 25～10 Ma)，造山动力将山脉抬升到海拔 1000 m 以上，覆盖温暖潮湿的灌丛草原和森林。早中新世(距今约 20 Ma)高喜马拉雅带受强大南北向主压应力，发育主中央逆冲断裂(MCT)。保护区内表现为东西向褶皱构造，樟木倒转背斜贯通热索桥、樟木、陈塘、亚东至不丹中部。晚中新世(距今约 10 Ma)印度板块转向北东碰撞印支地体，东经 85°以东地区受东西向主压应力，早期东西向褶皱遭南北向改造并发育规模巨大的南北向裂谷，吉隆、聂拉木、绒辖、朋曲山地在纳瓦科特背斜、孙科西河背斜以及阿龙河背斜基础上形成。在未被河流切开主脊线的喜马拉雅北坡，因重力垮塌生成吉隆盆地、达涕盆地等南北向断陷盆地。中新世末(距今约 7 Ma)主压应力又改为南北向，形成冲色—冲堆一带的吉隆向斜、聂拉木向斜等晚期东西向褶皱，发育主边界逆冲断裂(MBT)；伸展拆离作用将推覆逆冲断层改造为正断层，形成跨越山脊的藏南拆离断裂(STDS)(图 5-16E)。板块挤压造成南北向主压应力“强—弱—强”变化，在喜马拉雅南翼形成以 MBT(尼泊尔境内)-MCT-STDS 叠瓦状断裂分界的三级地学景观阶梯——低喜马拉雅景观带、高喜马拉雅景观带、特提斯喜马拉雅景观带。

渐新世末—早更新世喜马拉雅运动第 4 幕(距今约 2 Ma)，喜马拉雅地区岩浆活动不再发育，风化剥蚀作用开始大尺度塑造山体现代景观，冷杉、雪松反映的冷湿气候渐转为干冷的大陆性气候。南向河流特别发育，吉隆藏布、波曲、绒辖曲、朋曲等河流开始切越喜马拉雅山脉。

第四纪以来的喜马拉雅运动第 5 幕(距今约 1.8 Ma)，也就是新构造运动期，南北向压应力使喜马拉雅地区不均衡隆升达 3100～3500 m。大规模、大尺度的景观改造是这一阶段景观演化的主要方向。印度季风在喜马拉雅南翼山区塑造出世界上最复杂的亚热带山地气候，形成了亚热带—寒带完整的山地垂直带谱(图 5-16F)。

在喜马拉雅中段存在着复杂的叠加褶皱体系，按褶皱轴迹展布方位，可以分为东西向褶皱和南北向褶皱，按照褶皱的时空关系可分为第一期东西向褶皱，第二期南北向褶皱和第三期东西向褶皱。第一期东西向褶皱最著名的为樟木倒转背斜，此外为定日-岗巴向斜。樟木倒转背斜是喜马拉雅中段，乃至整个喜马拉雅地区的主干构造，它控制了该区的地层分布和岩层的产出状态。轴迹西起吉隆地区中尼边境热索桥附近，东经樟木、楠切巴扎、陈塘、干城章嘉峰、亚东，直至不丹中部，在喜马拉雅中段可见长度达 500 km。定日-

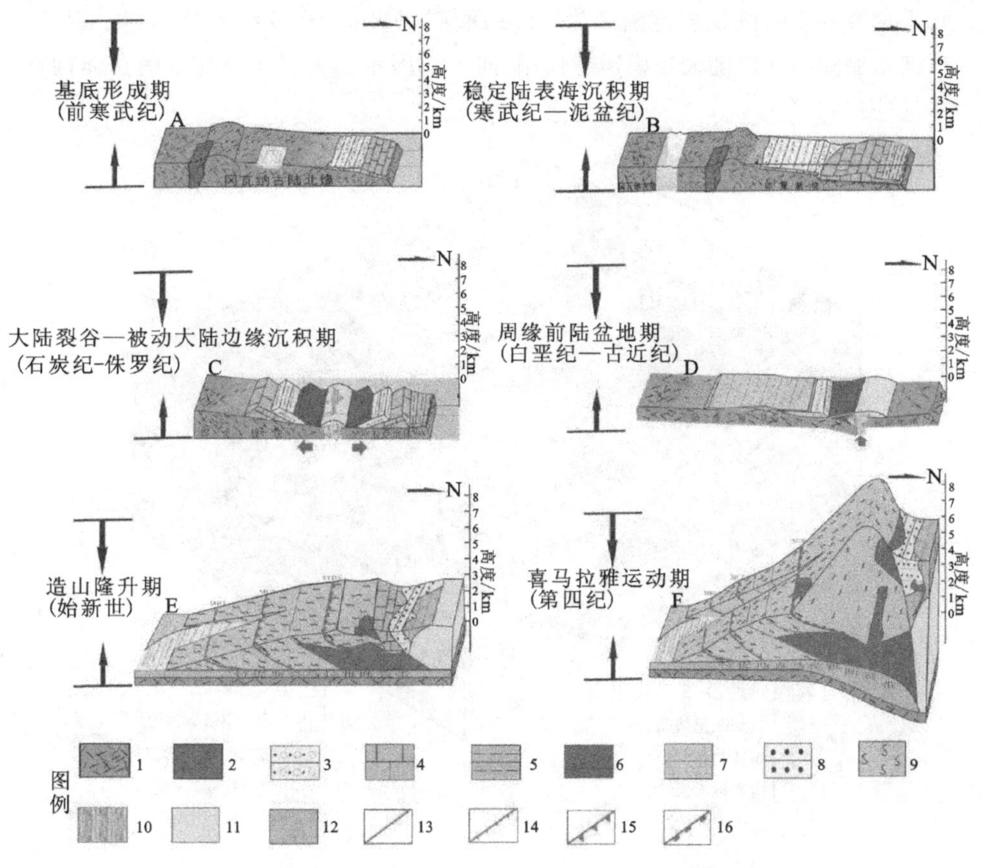

图 5-16　研究区地学景观的地质演化过程

1—陆壳基底；2—花岗岩；3—砂质砾岩；4—碳酸盐岩；5—泥页岩；6—火山岩；7—磨拉石沉积物；8—细砾砂岩；9—变质岩；10—岩浆；11—造山楔；12—沉积盖层；13—断层；14—主边界逆冲断裂(MBT)；15—主中央逆冲断裂(MCT)；16—藏南拆离断裂(STDS)

岗巴向斜西起吉隆县佩沽错，东至岗巴以东，轴迹为东西向，长达 400 km，被向斜卷入的地层为寒武纪—始新世沉积带。第二期南北向褶皱从西向东有吉隆-纳瓦科特背斜、科达里背斜、孙科西河背斜、楠切巴扎背斜、珠峰向斜、阿龙河背斜等，其中以珠峰向斜、阿龙河背斜规模最大，轴迹长度大于 100 km。第三期东西向褶皱，我国境内的是吉隆向斜和聂拉木向斜。

在喜马拉雅中段地区，不同时代、不同方向和不同性质的断裂比较发育，其中以东西向逆冲断层为主。主要有主中央逆冲断层(MCT)和藏南拆离断裂(STDS)。MCT 发生在喜马拉雅构造期主要热动变质作用之后，在构造接触带的每一个地方，都呈一完美的、向上变质作用强度逐渐增高的过渡带，即从几乎没有变质的沉积岩逐渐变为“深变质带”的蓝晶石、矽线石片麻岩。因此，三期叠加褶皱并伴随大规模逆冲作用，向人们展示了喜马拉雅地区的总体构造格局(图 5-17)。

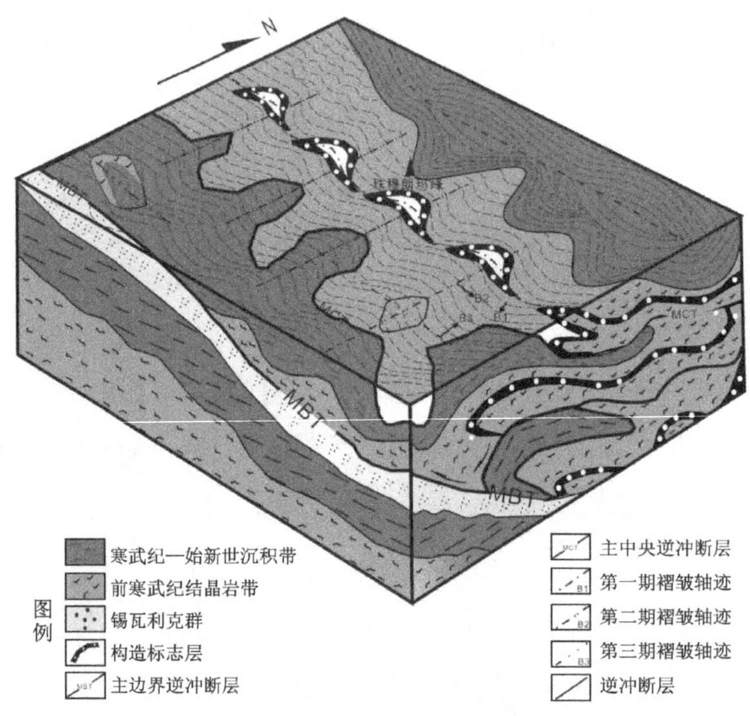

图 5-17 喜马拉雅地区构造模式图

始新世晚期—渐新世(距今 40～30 Ma)喜马拉雅运动的性质，无论藏南或藏北，都不属于造山运动，而属于造陆运动，在喜马拉雅山北坡表现为海退、轻微褶皱和断裂。这一期喜马拉雅运动使藏南藏北完全出海成陆，开始了新的地质地貌发育时期。中新世中晚期(距今 20～10 Ma)，喜马拉雅运动使得高喜马拉雅发生了最新一次区域变质、大规模的断裂和岩浆活动，主中央逆冲断裂(MCT)是这一时期的重要产物(Gansser A，1964；1997)。第四纪初以来的新构造运动时期，以大幅度分阶段的强烈隆起为特征，成就了保护区地学景观的现代面貌。

“中国新构造运动区划图”(中科院地质研究所构造地质研究室，1958)将青藏高原列为最强烈的上升区(表 5-1)，而新构造运动的最突出问题就是高原强烈隆起的时代和幅度。喜马拉雅山脉是青藏高原新构造运动的直接结果，喜马拉雅地区是新构造运动的强烈掀升区。该区的地貌形态特征表现在南高北低，平均海拔 6000 m 以上的喜马拉雅山主脊带矗立在本区南缘，向北依次斜降到海拔 4000 m 左右的雅鲁藏布江河谷带。其间，按地质和地貌结构，进一步划分为高喜马拉雅带、藏南湖盆和朋曲谷地带、藏南分水岭带（拉轨岗日山脉）、雅鲁藏布江河谷带四个单元。与新构造断裂密切相关的地热活动，在藏南地区表现强烈。不仅地热显示种类和数量多，而且活动规模大。本区是印度板块同欧亚板块直接相撞的地带，南北向压应力在此特别集中。因此构成了著名的地中海-喜马拉雅地热带和地震带。

综上所述，珠峰自然保护区地学景观成景机理是由喜马拉雅造陆、造山地质演化过程决定的，景观形态是第四纪时间序列演化的地表响应。白垩纪前陆表海及前陆盆地沉积环境提供了成景地层所需时间和空间，始新世以来欧亚板块碰撞为喜马拉雅造山提供了动力源，第四纪新构造运动的风化剥蚀等外营力作用过程产生了各种单体景观。

表 5-1　　**西藏各地新构造运动期上升幅度**

地区	现代高原面的高度/m	上新世地面高度/m	第四纪上升幅度/m
喜马拉雅山北坡	约 5000	约 1000	4000
噶尔藏布谷地	4200～4600	约 1000	3200～3600
冈底斯山北坡	4600～4800	约 1000	3600～3800
黑阿公路沿线	4200～4500	约 1000	3200～3500
昆仑山南麓	4800～5000	约 1000	3800～4000

本章彩图

6 结　论

本书基于青藏高原自然地理、地质构造、生态环境等领域的已有研究资料，利用国内外景观地学研究的理论和方法，从地层层序角度探讨了主要地质时期的古地理状况，按地质历史时期恢复了喜马拉雅地区沉积环境演化过程，系统分析和研究了喜马拉雅山脉中段的珠峰自然保护区地学景观系统和景观成因，全面讨论了地学景观的成景背景、成景环境、成景过程和景观演化模式。通过以上研究获得了以下结论。

(1)以区域构造格局作为空间尺度划分依据，珠峰自然保护区地学景观资源自上而下分为四级系统：Ⅰ级，地学景观体系域；Ⅱ级，地学景观体系；Ⅲ级，地学景观区；Ⅳ级，地学景点。在此基础上，识别出 3 个Ⅰ级地学景观体系域，5 个Ⅱ级地学景观体系，17 个Ⅲ级地学景观区。结合地质遗迹景观和旅游景观分类方法，识别出分属 6 种类型的 52 处地学景点。景观资源以"世界屋脊""雪域高原"和"高原山地生态旅游胜地"为特色，通过定量评价方法，确定五级景观资源 2 处，四级景观资源 4 处，三级景观资源 5 处。

(2)成景地层形成阶段历经古生代—中中生代被动大陆边缘沉积体系和晚中生代—早新生代周缘前陆盆地沉积体系，成景过程分为三个阶段：成景地层形成阶段、山谷定型阶段、构造抬升阶段。各阶段又分为多个成景期。

(3)成景地层形成阶段有 4 个成景期：基底形成期(前寒武纪)、稳定陆表海沉积期(寒武纪—泥盆纪)、大陆裂谷—被动大陆边缘沉积期(石炭纪—侏罗纪)、周缘前陆盆地期(白垩纪—古近纪)。山谷定型阶段确定了喜马拉雅山体格架，经历了喜马拉雅运动第 2 幕和第 3 幕(始新世—中新世)。构造抬升阶段与新构造运动的时间一致，自上新世末至第四纪，在第二阶段山谷定型的基础上对山体加高加深，带有大尺度的剥蚀、夷平等景观改造作用。

(4)珠峰自然保护区地学景观成景机理是由喜马拉雅造陆、造山地质演化过程决定的，景观形态是第四纪时间序列演化的地表响应。白垩纪前陆表海及前陆盆地沉积环境提供了成景地层所需时间和空间，始新世以来欧亚板块碰撞为喜马拉雅造山提供了动力源，第四纪风化剥蚀等外营力作用过程产生了各种单体景观。

参考文献

[1] 次旦伦珠.珠穆朗玛峰自然保护区概况[J].中国藏学,1997(1):3-22.

[2] 李渤生.珠穆朗玛峰自然保护区的初步评价[J].自然资源学报,1993,8(2):97-104.

[3] 刘春玲,祁生文,童立强,等.喜马拉雅山地区重大滑坡灾害及其与地层岩性的关系研究[J].工程地质学报,2010,18(5):669-676.

[4] Bodo Bookhagen, Rasmus C Thiede, Manfred R Strecke. Abnormal monsoon years and their control on erosion and sediment flux in the high, arid northwest Himalaya [J]. Earth and Planetary Science Letters, 2005,231: 131-146.

[5] 郑度.珠穆朗玛峰地区自然带气候特征[M]//中国科学院西藏科学考察队.珠穆朗玛峰地区科学考察报告(1966—1968)·自然地理.北京:科学出版社,1975:1-15.

[6] 刘务林.西藏自然和生态[M].拉萨:西藏人民出版社,2007.

[7] 饶春艳.中尼经济往来频繁　贸洽会搭建贸易交流平台[EB/OL].[2009-09-03]. http://xz.people.com.cn/GB/139188/9978946.html.

[8] 崔巍.西藏吉隆县发现唐显庆三年《大唐天竺使出铭》[J].考古,1994(7):619-623.

[9] 吴杰,杨丽莎,仲伟东.在中尼边界看“喜马拉雅国门”[N/OL].人民日报,[2011-10-18]. http://world.people.com.cn/GB/15936014.html.

[10] Tapponier P, Molnar P. Cenozoic tectonics of Asia: effects of a continental collision[J]. Science, 1975, 189: 419-425.

[11] 郑度.眺望地球之巅——走进喜马拉雅[M].北京:学苑出版社,2005.

[12] 潘桂棠,李兴振,王立全,等.青藏高原及邻区大地构造单元初步划分[J].地质通报,2002,21(11):701-707.

[13] 张经炜,姜恕.珠穆朗玛峰地区的植被垂直分布及其与水平地带关系的初步研究[M]//中国科学院西藏科学考察队.珠穆朗玛峰地区科学考察报告(1966—1968)·自然地理.北京:科学出版社,1975:16-29.

[14] 中国科学院南京土壤研究所珠峰组.珠穆朗玛峰地区的土壤地理分布特点[M]//中国科学院西藏科学考察队.珠穆朗玛峰地区科学考察报告(1966—1968)·自然地理.北京:科学出版社,1975:30-40.

[15] 李渤生.珠穆朗玛峰自然保护区的初步评价[J].自然资源学报,1993,8(2):97-103.

[16] 石泰安.西藏的文明[M].北京:中国藏学出版社,2005.

[17] 黄邦强,张朝文,金以钟.大地构造学基础及中国区域构造概要[M].北京:地质出版社,1984.

[18] 中国科学院青藏高原综合科学考察队.西藏地层[M].北京:科学出版社,1984.

[19] 应思淮.中国西藏南部珠穆朗玛峰地区的岩浆岩、变质岩和混合岩[J].地质科学,1973,8(2):103-132.

[20] 穆恩之,文世宣,王义刚,等.中国西藏南部珠穆朗玛峰地区的地层[J].中国科学,1973,8(1):13-36.

[21] 常承法,郑锡澜.珠穆朗玛峰地区的地质构造特征和关于喜马拉雅山以及青藏高原东西向诸山系形成的探讨[M]//中国科学院西藏科学考察队.珠穆朗玛峰地区科学考察报告(1966—1968)·地质.北京:科学出版社,1975:273-299.

[22] 刘国惠.高喜马拉雅变质带与高喜马拉雅隆起[M]//喜马拉雅地质文集委员会.喜马拉雅地质Ⅱ.北京:地质出版社,1984:206-215.

[23] 王义刚,章炳高.珠穆朗玛峰地区的地层(总结)[M]//中国科学院西藏科学考察队.珠穆朗玛峰地区科学考察报告(1966—1968)·地质.北京:科学出版社,1975:213-217.

[24] 中国珠穆朗玛峰登山队科学考察队.珠穆朗玛峰地区科学考察报告[M].北京:科学出版社,1962.

[25] 黄万波,等.西藏吉隆、布隆盆地的上新世地层·西藏古生物:第一分册[M].北京:科学出版社,1980.

[26] 黄万波.西藏第四纪哺乳动物化石地点·西藏古生物:第一分册[M].北京:科学出版社,1980.

[27] 郭旭东.珠穆朗玛峰地区第四纪间冰期和古气候[M]//中国科学院西藏科学考察队.珠穆朗玛峰地区科学考察报告(1966—1968)·第四纪地质[M].北京:科学出版社,1976:63-78.

[28] 郑本兴,施雅风.珠穆朗玛峰地区第四纪冰期探讨[M]//中国科学院西藏科学考察队.珠穆朗玛峰地区科学考察报告(1966—1968)·第四纪地质[M].北京:科学出版社,1976:29-62.

[29] 竺可桢.中国近五千年来气候变迁初步研究[J].气象科技,1973(S1):15-38.

[30] 李吉均,等.青藏高原隆起的时代、幅度和形式的探讨[J].中国科学,1976(6):78-86.

[31] 陈安泽.旅游地学十年——为旅游地学研究会成立十周年作[J].旅游学刊,1996,11(1):58-61.

[32] 陈诗才.旅游地学资源究竟是什么资源[J].旅游学刊,1988(增刊):20-22.

[33] 王明伟.论旅游地学资源的分类和评价[J].云南地质,1992(1):94-96.

[34] 方世明,李江风,赵来时.地质遗迹资源评价指标体系[J].地球科学,2008,33(2):285-288.

[35] 刘莹,吴朝阳,于世勇,等.辽宁省地质景观分布和地质旅游资源分区[J].国土与自然资源研究,2009(1):86-87.

[36] 冯天驷.中国旅游地质资源[M].北京:地质出版社,1998.

[37] 李京森,康宏达.中国旅游地质资源分类、分区与编图[J].第四纪研究,1999(3):7-11.

[38] 中华人民共和国国家质量监督检验检疫总局.旅游资源分类、调查与评价:GB/T 18972—2003[S].北京:中国标准出版社,2003.

[39] 郭来喜.中国旅游资源分类系统与类型评价[J].地理学报,2000,55(3):294-301.

[40] Qin Jianxiong, Deng Guiping, Tang Yong. Discussions on the eco-tourism development of the Kanas Nature Reserve in Xinjiang, China[J]. Advanced Materials Research, 2012,573-574:750-754.

[41] 周文丽.生态旅游资源的综合评价研究——以龙胜县四景区生态旅游资源评价为例[J].林业调查规划,2007,32(1):132-137.

[42] 袁书琪.试论生态旅游资源的特征、类型和评价体系[J].生态学杂志,2004,23(2):109-113.

[43] 唐勇,覃建雄,李艳红,等.汶川地震遗迹旅游资源分类及特色评价[J].地球学报,2010,31(4):575-584.

[44] 袁成,陈志. 自然景观地学成因类型与审美特征[J]. 咸宁学院学报,2004,24(3):90-93.

[45] 黄万波. 西藏昌都卡若新石器时代遗址动物群[J]. 古脊椎动物与古人类,1980,18(2):163-168.

[46] 许荣华,金成伟. 西藏北喜马拉雅花岗岩带中段地质年代的研究[J]. 地质科学,1986(4):31-40.

[47] 朱同兴,潘桂堂,冯心涛,等. 藏南喜马拉雅北坡色龙地区二叠系基性火山岩的发现及其构造意义[J]. 地质通报,2002,21(11):717-723.

[48] 刘宝珺,余光明,王成善. 珠穆朗玛峰地区侏罗纪沉积环境[J]. 沉积学报,1983,1(2):1-16.

[49] 卫管一,石绍清,茅燕石,等. 喜马拉雅地区前寒武系地质构造与变质作用[M]. 成都:成都科技大学出版社,1989.

[50] 邓万明. 喀喇昆仑-西昆仑地区蛇绿岩的地质特征及其大地构造意义[J]. 岩石学报,1995,11(增刊):98-111.

[51] 王德朝,张进江,杨雄英,等. 吉隆盆地构造、环境演化与青藏高原隆升[J]. 北京大学学报:自然科学版,2009,45(1):79-89.

[52] Gansser A. Geology of the Himalayas[M]. Lodon, New York, Sydney: Interscience Publishers, 1964.

[53] Gansser A. The great suture zone between Himalaya and Tibet, a preliminary account[J]. Himalaya Sciences De La Terra, 1977(1): 181-191.

[54] 中国科学院地质研究所构造地质研究室. 中国大地构造纲要[M]. 北京:科学出版社,1958.